川づくりとすみ場の保全

桜井善雄　著

信山社サイテック

まえがき

わが国では二〇〇二年一二月に「自然再生推進法」が成立したが、これより一二年前の一九九〇年一一月に、当時の建設省河川局は河川管理について、河川が本来もっている生きものの生息環境に配慮して事業をすすめることを指示した「多自然型川づくり」の通達を出している。

その後一九九三年五月に、わが国も「生物多様性条約」を受諾し、それを受けて一九九五年一〇月には「生物多様性国家戦略」が閣議決定された。このような流れの中で、一九九七年に「河川法」が改正され、それまでの〝治水〟と〝利水〟に加えて、〝河川環境の保全〟が河川管理の目的の中に法的にも明記された。

このように、わが国の河川(湖沼を含む)管理における自然環境の保全、言いかえれば野生動植物の生育・生息環境の保全と再生は、自然環境の改変にかかわりをもつ他の分野の社会事業に比べて、先進的に進められてきたということができよう。

その結果、今日までにも全国の各地で注目される成果をあげてきた。しかし一方では、このような転換からまだ年数が浅いので無理からぬところもあるが、個々の事業については、なお改善の必要を認めざるをえないものもあり、今後もこの分野を一層発展させるためには、なおその理論と方法、ならびに技術の改善が望まれてきたところである。

そのために生態学が寄与すべき重要な課題の一つは、野生生物の生存の基盤であるすみ場の存在様式の把握にあると考えて、私は生きもののすみ場を階層構造理論に基づいて整理した情報を土木事業を行なう側に提供し、人間社会と野生生物が共存するための折合点を一つのテーブルの上で検討・論議する手法を提案してきた。

本書は、(財)河川環境管理財団が主催する「河川環境勉強会」(第七回、二〇〇二年八月三〇日)において、そのような考え方とその応用について講演した記録に多少の補訂を行ってまとめたものである。そのような経緯から、内容についてはなお不十分の誹りを免れないが、少しでもわが国で河川管理の実務に携わっておられる皆さんのお役にたてば、これにまさる喜びはない。

講演記録の補訂と上梓を承諾された(財)河川環境管理財団、講演の記録を単行本としての文章に書き替え、かつ編集と出版の労をとって下さった信山社の四戸孝治氏、およびさまざまな貴重な資料を提供して下さった各位に心から厚くお礼申し上げる次第である。

二〇〇三年五月

桜井善雄

目次

目次

一、はじめに

川や湖はいろいろな災害防止のため、あるいは水の利用のために管理しなければならない場所ですが、同時に生きものたちにとっては重要な生息場所（すみ場）でもあります。そこで、その折り合いをどういう仕方で考えたらいいか、というようなことについてお話ししたいと思います。

一九九〇年に「多自然型川づくり」の通達が出されてから既に十数年たちました。また、九七年には河川法も改正されて、「環境」が法律的にも河川管理の中に位置付けられてから数年経過しまして、この方面の理論も技術も次第に整ってきました。

私は生態学の分野から、これまでも河川関係のいろいろな懇談会や委員会でお手伝いして参りましたが、生きものの生息環境保全が非常に大事だとわかっていても、それを実際の仕事に活かすことについては、まだかなり問題があるのではないかと感じることがしばしばありました。

そこで、「川・湖の管理」と「生物の生息環境」の折り合いついていろいろ考え、私なりの一つの方式に辿り着きました。それは、生きものの「すみ場」というものを、トンボやもっと小さい生きものから始まって、猛禽類のような食物連鎖の頂点に立つ大きな生きものまで、いろいろな生きものの生息場所、そういうものを横並びにバラバラに捉えるのではなく、そういうものが自然の中でどういうシステムをなして存在しているかという観点です。それを「すみ場の階層構造」というように捉えたわけです。このように整理すると、生態学的な情報を川や湖を管理するための土木工学的な情報とうまく重ね合わせることができるし、また両者の間に問題がある場合には、その折り合い点を具体的に探ることもできるのではないかと考えています。

二、「多自然型川づくり」とすみ場の保全

いまさら改めて「多自然型川づくり」の定義をもち出すのもおかしいですが、この定義（図１）は、大変よく書かれています。文中のアンダーラインをしたところ、これがまさに私の話の主題になります。「川が本来もっている」ということは、人間が勝手につくったものではなく、川にもともとある、特に日本のような川に昔からある野生生物の生息環境―これは「すみ場」、「ハビタット」、「ビオトープ」、「レーベンスラオム」と言ってもよく、いろいろな言い方がありますが、とにかく生きものが暮らす場所です―、そういうものに配慮して河川管理をしていく。そういうことがこの定義には実に端的に書かれています。

> この要領において『多自然型川づくり』とは、河川が本来有している生物の良好な成育環境に配慮し、あわせて美しい自然景観を保全あるいは創出する事業の実施をいう。

図１　「多自然型川づくり」の定義
（建設省河川局、1990.11月）

そこで、なぜ生きものの生息環境、すみ場というものが大事かということを考えてみます。川にすむ生きものの生息環境に気をくばりながら川を管理した方が、何となく自然を大事にし、時代の趨勢にも沿っているように見えますが、このことはそのような軽いものでは決してありません。図2のように、現在の地球上の環境問題で一番大事なテーマは、「人間の活動を含めて、健全な地球の生態系を維持していく」ということです。それを辿っていきますと、結局人間と共存している野生生物のすみ場を大事にするということに行き着くわけです。

なぜそうなのかと言えば、健全な生態系が存続するためには、安定した、その場所で必然的にできる生物の群集が維持されていなけ

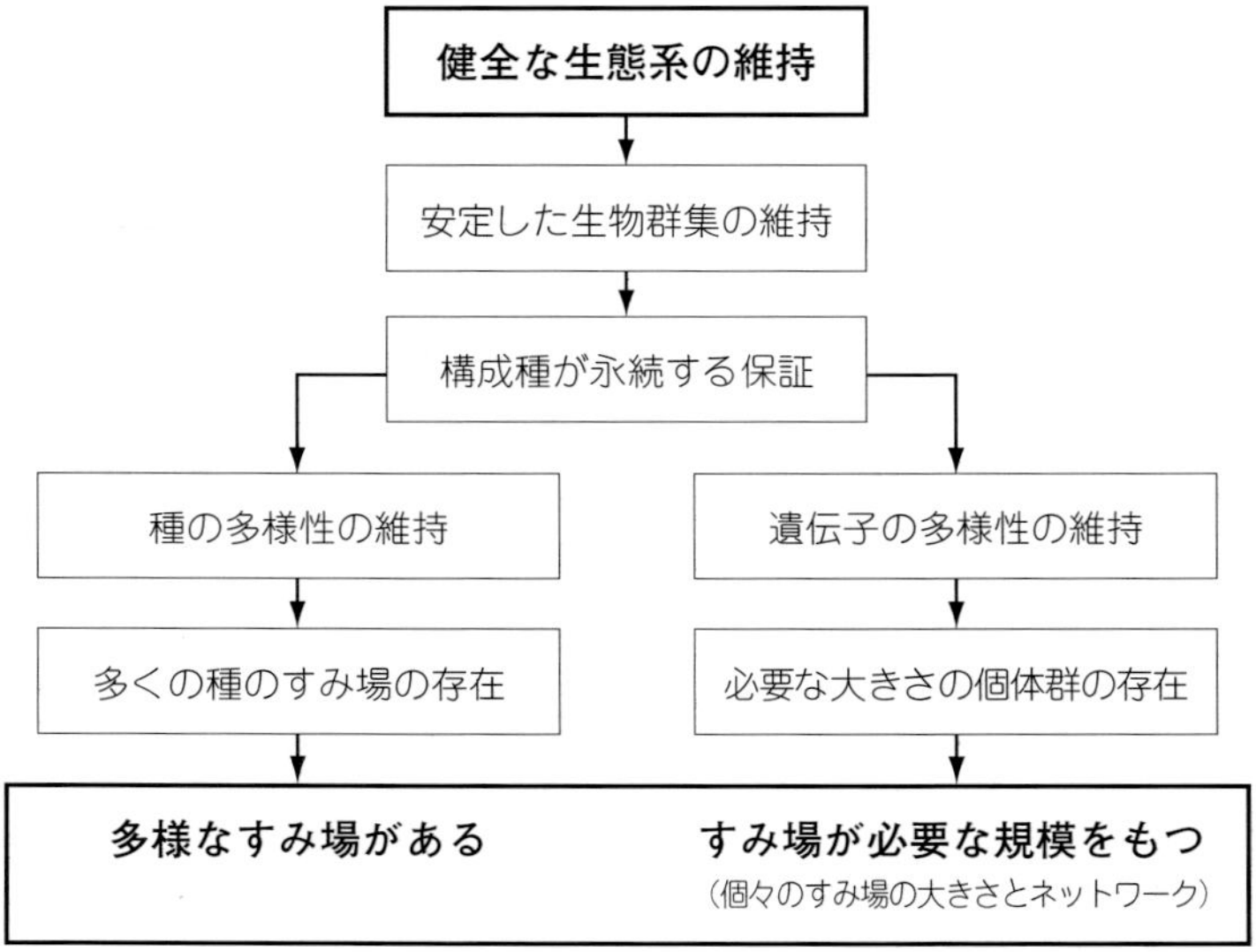

図2　健全な生態系の維持とすみ場の保全

ればいけない。そのためには、群集をつくる構成種がずっと自分の力で永続していく保証がなければならない。すなわち、それぞれの生物の「種」の遺伝子の多様性というものが維持されていかなければいけない。それには少数の個体が生きているだけではだめであって、必要な大きさの個体群がなければならない。これが結局遺伝子の多様性を支える母体になるわけです。そのためには、すみ場の面積が大きくて、そこにたくさんの個体がすめるということと同時に、個体群が一つのところにまとまっていて、いつもその群れの中だけで交配が行われるのではなくて、異なった環境のところで別々に暮らしていて、同じ種の別々の個体群の間で交流ができるような、そういうあり方が必要です。それによって遺伝子の多様性がよりよく保たれるのです。その規模というのは、一つ一つのすみ場が広いだけではなくて、すみ場があちこちに分散していて、相互の間で個体の交流ができるようにネットワークされていることが大事です。要するに「すみ場」の問題です。

それから、生きものというのは個々の種だけで生きていけるのではなく、いろいろな種と、その場で必然的にできあがってくる集団―生物群集―、そういうものの中の一員として、相互依存関係をもち（一部の個体が食われることも大事な相互関係の一つです）、多面的な関係を保っていくことによって、初めて種の存続が可能になるわけです。そのためには種の多様性が維持されていなければいけない。一方で、すみ場に対する要求は種によって違うので、そのためには多くの種が生きていける多様なすみ場がなければならないということになります。やはり「すみ場」に帰着します。

このように、自然のなりゆきで形成される多様なすみ場を維持すること、言いかえれば、多自然型川づくりの定義にもあった、川が本来もっている自然のすみ場がたくさんあるということが、健全な生態系を維持していく基本と言えるでしょう。「すみ場」の保全ということは、このように健全な生態系の維持のために非常に重要な基本的な意味をもっているわけです。

三、多様なすみ場をもつ日本列島の自然

日本列島の水辺に依存して生きている野生生物が、世界の国々の中でどれほど多様であるかをみてみましょう。改めて数字をみるとその多様性の高いことに驚きます。ヨーロッパやアメリカ、あるいは中国などを旅行すると、目にする生きものの種類がかなり単純であることに気づきます。特に動物について感じますが、植物でもそうです。

表1は、環境省の二〇〇一年の「環境白書」に載っている表の中から、魚と両生類という水域に依存する野生生物の多様性を日本と同じような島国で、しかも国土の規模もほぼ同じような国の間で比較したものです。日本では、実に種が多様であるということがわかります。魚は四倍以上で、両生類にいたっては七~八倍から一〇倍ちかく多様な種がすんでいる。そのうち絶滅危惧種も多いのですが、水辺に強く依存する両生類では固有種が四五もあるというのは重要なことです。

いずれにしても、日本の水辺にすむ動物は種の多様性が高いことがわかります。これは非常に重要なこ

表1　日本、英国、ニュージーランドの魚類、両生類の多様性の比較

	日本	英国	ニュージーランド
位置	24°～45°N	50°～65°N	35°～47°S
国土面積（万km^2）	37	24	27
淡水魚の種数	186	36	29
絶滅のおそれのある種数	7	1	8
両生類の種数	61	7	3
固有種	45	0	3
絶滅のおそれのある種数	10	0	1
1万km^{2}当たりの種数	18	2	1

2001年（平成13年）度版『環境白書』（環境省）から抜粋、加筆した。

とで、「川が本来もっているすみ場」というのが、わが国では非常に特殊であり、多様であるということを証明しているわけです。

また、日本は地質的にみても非常に多様です（図3）。これは日本列島の成り立ちの持性によるところですが、それが今でも絶えず変化している。長い地質の時間からみると、絶えず隆起、噴火、侵食、堆積が起こっている。しかも、周りが海に囲まれているという地理的な関係上、ヨーロッパ大陸がかつて被ったような厳しい氷期がなかった。特に、最後の氷期に標高三千メートルぐらいから下はそういう厳しい環境に遭遇することがなく、その前の時代からの生きものが受け継がれている。そういう国土の特性の総合的な結果として多様なすみ場が存在し、野生生物の高い多様性が生まれ、維持されてきたわけであります。そういう意味では、日本列島は非常に自然に恵まれた国土であるということになると思います。それは水辺だけではなくて陸上の植物や動物も同じですが、水環境だけを考えても、生きものの多様性が世界的に群を抜いているという理由がそこにあるということになります。

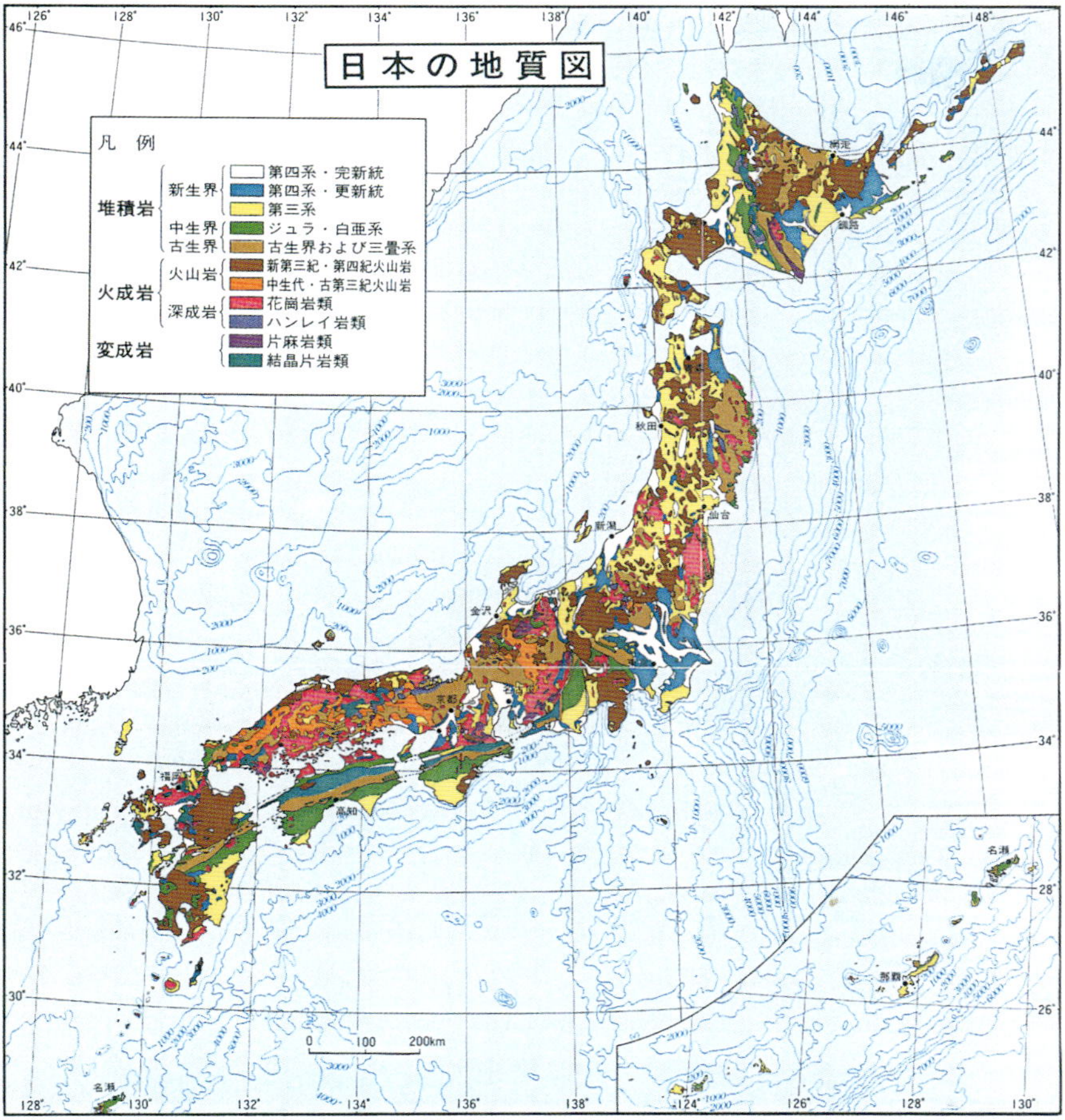

図3　日本の地質図（工業技術院地質調査所、1982）

川や湖の多様な生息環境の保全ということを考える場合には、とにかく頭で考えた思いつきの、いかにも自然らしく見えるものをつくるのではなくて、日本列島がもっているこういう一番の元から生まれてくる多様性、それによってできているいろいろなすみ場の構造というのはなにか、本来あるものはなにかということに絶えず想いをいたしながら取り組む必要があるでしょう。そういう拠り所を大まかにまとめてみると、**表2**のようになるのではないかと考えるわけです。これについては、さらに多くの専門の方々に整理をしていただければありがたいと思います。

それでは、川の中の多様なすみ場というのはどういうものかについて、一つの例を考えてみます。**写真1**と**写真2**は長野県の上田市の下

表2　日本列島の自然環境の特徴

要　因		特　徴			社会的効果・影響
地理的位置	・北回帰線より北に位置する ・ユーラシア大陸の東縁に並行し ・周囲海に囲まれる（大陸との間にも日本海が介在） ・中緯度に位置し南北に長く分布	・正午の太陽が一年を通して天頂より南にある ・夏と冬の季節風の影響を強く受ける ・列島を挟んで東西に大きな海流が存在する	・南北斜面の微気候の違い ・多量の降水 ・気候の緩和（低地は最終氷期の寒冷を免れる） ・幅広い温度環境	・局所性の強い環境 ・湿潤な気候 ・大きな流量変動 ・温暖で四季の変化がある気候 ・大きな植生回復力 ・多様な生息環境 ・多様な生物相	○多様な居住環境 ○豊かな水資源 ○高い食糧生産力 ○温暖で季節感のある生活環境 ○多様な野生生物と共存した生活 ▲耕地雑草の繁茂 ▲台風・洪水被害 ▲豪雨と豪雪
地　史 地形・地質	・第四紀以後のはげしい隆起 ・火山が多い ・列島の長軸に並行した脊梁山脈	・複雑な地質構造 ・高い山地の形成 ・温泉が広く分布 ・火山堆積物が広く分布 ・脊梁山脈の両側に短い川が毛細血管のように分布	・変化に富んだ山地と海岸の景観 ・激しい侵食と土石と移動・堆積 ・季節風の影響に伴う多様な気候区の形成 ・急な河床勾配 ・短い流程内に多様な河川地形	・海抜高度による気候の多様化 ・堆積による平野の発達 ・河岸段丘・谷の発達 ・多様な生息環境 ・多様な生物相	○農業・工業・都市の基盤形成 ○水利・水田稲作の発達 ○自然環境の探勝 ▲狭い居住可能地 ▲地震災害 ▲火山災害 ▲地すべり・土石流・崩壊等の自然災害

地理的な要因と地質的な要因は互いに強く関連して日本列島の特徴を形成し、影響を及ぼしている。

写真１　千曲川：上田市の下流（写真の上が下流側）

写真２　千曲川：上田市の下流（上の写真の場所の垂直写真）

流あたりを流れる千曲川です。私も上田市の郊外に住んでいます。こういう風景を見ますと、特に日本の川の中流といわれる扇状地河川、あるいは谷底河川は地形的にも多様で時間的な変化も激しい。それによって植生も動物のすみ場も非常に多様になります。この写真の中に限っても、植生のない裸の川原や短い草が生えた川原、ヤナギやハリエンジュの河畔林のような植生、また堤防や湿地があるほかに、広い寄り州の中には、かつて本流が流れた跡にできたタマリやワンドのようなものもあります。それから、堤内地(堤防に守られて人間が利用している土地)には昔の氾濫源を開発して利用している田んぼや集落があります。両側に山が連なっていて、全体として太古から千曲川が形つくってきた景観であり、この中に実に多様な、小さなものから大きなものまで多様なすみ場があるわけです。

そこで、それらを整理して川のすみ場というものが一般的にどんなあり方で存在するのかということをこれから考えてみたいと思います。

生きものたちのすみ場の階層構造から見た

川づくりと“すみ場”の保全

四六判変型・140 ページ（カラー図版 12 点）／定価：本体 1,800 円＋税　ISBN4-7972-2577-7C3040

著者：**桜井 善雄**（応用生態学研究所・信州大学名誉教授）

国内外において、特に川・湖沼の水辺の自然環境保全関する理論と方法について調査・研究を行い、国や地方治自体の委員会や懇談会及び市民との交流を通し、その成果を実際に生かす活動に取り組んでいる。国土交通省・環境省等をはじめ各県の審議会・懇談会の委員を数多く歴任。

[主な著書]

『水辺ビオトープ―その基礎と実例（1993）』監修・『都市の中に生きた水辺を（1996）』監修・『ビオトープ―復元と創造（1993）』共著、以上信山社。『水辺の環境学―生きものとの共存（1991）』・『続・水辺の環境学―再生への道をさぐる（1994）』・『生きものの水辺―水辺の環（1998）』・『水辺の環境学 4.―新しい段階（2002）』以上新日本出版社。『自然環境復元の技術』共著、（1992、朝倉書店）・『信州・ふるさとの自然再発見』共著（2001、ふるさとの自然 21 推進委員会）・『千曲川中流域・植物観察の手引き』編著（2002）、国土交通省千曲川工事事務所

わが国では 1990 年「多自然型川づくり」の通達、1993 年「生物多様性条約」受諾、1995 年「生物多様性国家戦略」が閣議決定、1997 年に「河川法」が改正され、2002 年に「自然再生推進法」が成立した。このように、わが国の河川（湖沼を含む）管理における自然環境の保全、言い換えれば野生動植物の生育・生息環境の保全と再生、自然環境の改変にかかわりをもつ他の分野の社会事業に比べて、先進的に進められてきた。

その結果、今日までにも全国の各地で注目される成果をあげてきた。しかし一方では、このような転換からまだ年数が浅いので無理からぬところもあるが、個々の事業については、なお改善の必要を認めざるをえないものもあり、今後もこの分野を一層発展させるためには、なおその理論と方法、ならびに技術の改善が望まれてきたところである。

そのために生態学が寄与すべき重要な課題の一つは、野生生物の生存の基盤であるすみ場の存在様式の把握にあ

四、すみ場とは
—その階層構造

その前に、「すみ場」というのはいったいどういうものなのか。要約しますと図4のようになります。

全ての生きものは、進化の過程で獲得した遺伝的な特性として「種」ごとに異なった生活上、あるいは生存上の要求をもっています。個々の種について言えば、すみ場とはその種の個体および個体群がこのような要求に基づいて食物または栄養をとり、代謝し、成長し、必要に応じて隠れ、眠り、移動し、子どもを産み、育て、自分の力で種族を維持してい

すみ場（＝生息場所・生息環境）
（英：habitat, biotope）（独：Lebensraum, Biotop）

◇全ての生物は、進化の過程で獲得した遺伝的な特性として、“種”ごとに異なった生活（生存）上の要求をもっている。個々の種についていえば、“すみ場”とは、その種の個体および個体群が、このような要求にもとづいて、食物または栄養をとり、代謝し、成長し、必要に応じて隠れ、眠り、移動し、子どもを生み、育て、自分の力で種族を維持していくことが保証されている。空間または環境のことである。
◇しかし、野生生物は一つの種だけで生きているのではなく、そのすみ場に必然的に成立する生物群集の中で、他の多くの種と直接、間接の相互依存関係をもちながら生きている。
◇したがって、種と群集のすみ場は不可分一体のものであり、個々の種の特性にもとづく利用を通して、すみ場の総体は、複数の中身をもつ“入れ子細工”のような、階層構造をなしている。
◇さらに、生活史の中で移動を必要とする種の生存や、それぞれの種の生存のために個体群の必要な分散と交流（メタ個体群の形成）を可能にするためには、すみ場が連続して広いだけでなく、多くのすみ場が分散して関連をもって、すなわち個体の渡り歩きが可能な状態で、存在することが必要である。

図４　すみ場とは

くことが保証されている空間、または環境のことです。構造的に言えば生息空間ですし、質的に言えば生息環境ということになります。これが一番基本的なすみ場の定義であります。しかし、野生生物は一つの種だけで生きているのではなく、そのすみ場に必然的に成立する「生物群集」の中で、他の多くの種と直接・間接の相互依存関係とバランスを保ちながら生きている。これがないと生きていけないわけです。したがって、種と群集のすみ場は不可分一体のものであり、個々の種の特性に基づく利用を通して、すみ場の総体は複数の中身をもつ「入れ子細工」のような階層構造をなしている。例えば、ロシアに蓋をあけると小さな人形が次々と出てくる民俗人形がありますが、それが一個ではなくいろいろなものが中に入っているという構造をしているのです。

それからさらにもう一つ大事なことは、生活史の中で移動を必要とする渡り鳥のような種の生存や、それぞれの種の存続のために個体群の必要な分散と交流—そういう全体を「メタ個体群」と言いますが—、それを可能にするためにはすみ場が連続して広いだけではなく、多くのすみ場が分散して関連をもって存在している。すなわち、個体の移動が可能な状態で存在することが必要です。

以上が、一応すみ場の保全ということを考える場合のすみ場の定義ということになるかと思います。ここから派生して、どのようなすみ場を保全しなければいけないとか、あるいは河川工事をする場合にどのような戦略、戦術をとればよいかということが、自ずと判断されてくると思います。

それで、すみ場は「階層構造をもった入れ子細工である」と言いましたが、小さいものから大きなものまでの各々の階層に呼び名をつけると、表3のように分けることができます。なお、すみ場のことをよく「ビオトープ」と言いますが、これはドイツ語紀原の言い方で一般的にすみ場を言う場合はそれでいいのですが、すみ場の階層として使う場合には、ハビタット、ビオトープというのはそれぞれの階層をあらわす言葉として使っているので、全体を指して言う場合には「すみ場」としているわけです。一般に、広義でビオトープと言う場合には、これらの全部を指すと考えてよいでしょう。

そのようなすみ場の存在様式を概念的に表すと図5のようになり、「入れ子細工」であるということがわかると思います。ここにはスーパーマイクロハビタットは入っていませんが、スーパーマイクロハビタットが集まってマイクロハビタットができ、マイクロハビタッ卜が集まってハビタットになる。さらに、それが集まってビオトープができ、さらにビオトープが集まってビオトープシステムができる。また、ビオトープは図のように別のビオトープとのネットワークが必要である。ここに示したのはいわばローカルネットワークで

表3　野生生物の“すみ場”の階層

大きさ	階層	
小	super-microhabitat	超微生息場所
	microhabitat	微生息場所
	habitat	小生息場所
	biotope	生息場所
	biotope system	大生息場所
	biotope network	ビオトープネットワーク
↓	local network	地域的なビオトープネットワーク
大	global network	地球規模のビオトープネットワーク

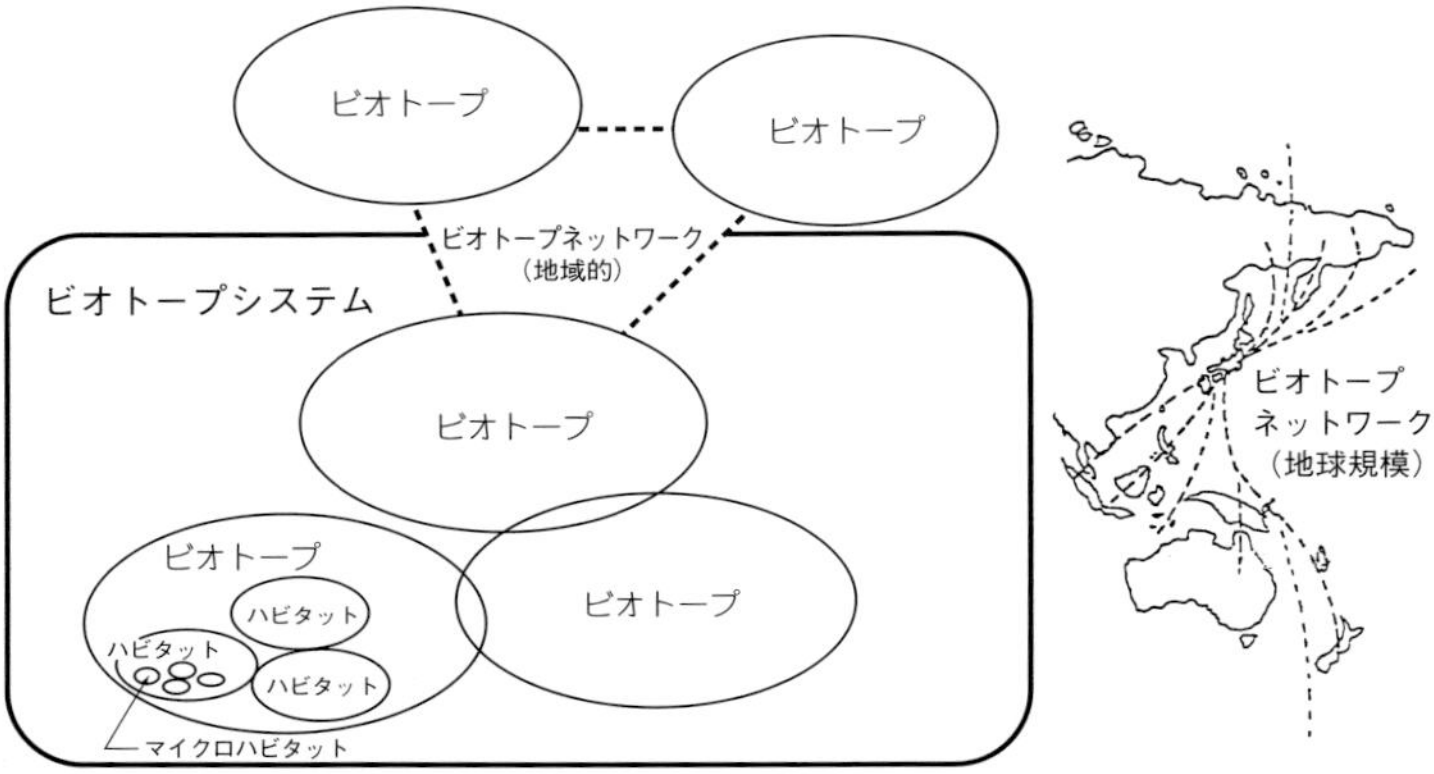

図５　すみ場の階層構造とネットワークを示す模式図

図６　川の中流部における生息場所の階層

すが、それからさらにもう一つグローバルな、例えばガン、カモあるいはハクチョウのような渡り鳥、あるいはシギ、チドリの仲間のような旅鳥が生存していくためには、彼らのすみ場の地球規模のネットワークも必要であるということになります。図5は、そのようなすみ場の階層構造を小さな顕微鏡的なものからグローバルなものまでを一つの図に概念的に表したものです。ただし、ビオトープネットワークについては、例のあげ方や想定する生物によっていろいろな表現の仕方があると思います。

これを、先ほどの千曲川のような、多様なすみ場が存在する日本の扇状地河川のようなところの具体的な例でみてみます。

図6は画ですが、このような風景は、日本の川の中流が始まるあたりに行くとどこでも見ることができます。山から川が流れ出してきて崖にあたると掘られて深い淵ができ、そのすぐ下に石や礫が堆積して平瀬が、さらにその下に早瀬ができます。また、場所によっては中州もできるし、かつて流れが蛇行した跡のような小さな氾濫原や川原もあり、段丘崖の上には畑もできています。このようなところで、小さなものから大きなものまでの生きもののすみ場は、いったいどのように存在しているのかということを考えてみます。

まず、平瀬・早瀬の中の礫を見ると表面がヌルヌルしています。このヌルヌルは、らん藻、緑藻、珪藻のような藻やカビ、バクテリアなどからできている着生生物の膜です。ペリファイトンともいわれます。それを顕微鏡で見ると、その中に小さな原生動物やワムシやセンチュウ、水生昆虫などのごく小さな生きものが数多くいます。このような顕微鏡的な生きもののすみ場がスーパーマイクロハビタット、すなわち超微生息場所です。それから、石の間や石の表や裏には水生昆虫の幼虫、あるいはカジカなどが隠れたり卵を産みつけたりする空間があります。これがマイクロハビタットです。

一方、川の本流には、例えば、浮石が敷きつめられたような比較的均質な構造が広がっている平瀬のような場所があります。これが、その次のレベルのハビタットと呼ぶすみ場です。アユやウグイが夏に餌をとる場所、あるいはカジカが生活する場所というようなことになります。さらに、淵というハビタットがあることによって、これらの生きものたちの一年間の生活史を考えると、淵と瀬というような一連のハビタットのシステムを利用して餌をとり、卵を産み、隠れ、冬を越して一生をおくっていくことが可能になる。それがビオトープです。

それからさらに、その上のすみ場を考えます。例えば、水の中の生きものであるアユの場合、夏の間は淵・瀬のビオトープがあればよいのですが、彼らの一生を考えると、秋になると川を下って一番下の瀬あたりで産卵・受精して、生まれた仔魚が海に下って河口や海の沿岸のビオトープの中で成長して、翌年の春にまた遡ってきます。このように、アユの一生にとっては、川の一貫したいろいろなビオトープの連続と海の沿岸のビオトープまで含めたビオトープの連続が必要であるということになります。このようなビオトープのシステムがなければ、アユは自分の力で一生をおくることができないわけです。

また、図6に描かれている鳥はチョウゲンボウのつもりですが、彼らは崖の小さな岩棚のところに巣をつくって卵を産みます。そのためには、こういう岩棚というマイクロハビタットだけあればよいのですが、餌場の川原とか氾濫原、あるいは畑とか林の縁の部分などで小さなネズミや昆虫、あるいはトカゲやヘビのようなものを捕って子育てをします。したがって、彼らにとっては、いろいろなビオトープのシステムがなければ子育てをして世代を重ねていくことができないことになります。これは、食物連鎖とはまた別の重要な問題です。

このように、生きものの行動圏、生活圏が広がるにつれて、いろいろなすみ場のレベルの複合したものを利用するようになる。そして、それぞれの階層のすみ場は、生物の群集が生活している場所に一体となって存在している。それが「すみ場の階層構造」ということになるわけです。それを川と湖の沿岸帯について、スーパーマイクロハビタットからビオトープネットワークまでのすみ場の階層を簡単にまとめると**表4**のようになります。

なお、ビオトープネットワークのことをさらに付け加えます。先ほどのメタ個体群というのは、一つの種の個体群であるけれども別の場所で生活していて、その間でときどき個体の交流が行われる。すなわち、遺伝子の交流が可能な個体群の全体ですが、それの形成と存続を支えるような同類のビオトープ、例えばトンボがすめるような池が一キロメートルぐらい離れてあちこちにあると、種の数がずっと多くなります。そのような同類のビオトープ、あるいはビオトープシステムが一定の範囲に連続して存在する状態、およびそれらをつなぐ生態的な回廊(コリドー)があるのがビオトープネットワークです。たとえすみ場があちこちにあっても、生きものが往来できなければ連けいしたすみ場とはなりえません。

もう一つは、季節的に移動して生活史を全うする生きもの。例えば、冬は東南アジアで過ごして、夏は日本に来て繁殖する。あるいは冬は日本に来て越冬して、夏にシベリアやカムチャツカに渡って繁殖する鳥のことです。季節的に移動して生活史を全うする生物の各季節、各成長段階に必要なすみ場が、生きものが使えるような状態で関連して

表4　川の中流と湖の沿岸帯にみられるすみ場の階層のあらまし

すみ場の階層	河　川	湖　沼
スーパーマイクロハビタット	河床石礫表面の着生生物膜や河床砂泥の中の間隙のような顕微鏡的な微細な空間	水生植物体表の着生生物膜や底質の砂礫の間隙のような顕微鏡的な微細な空間
マイクロハビタット	河床の石礫や水制・沈床などの石積みの隙間、水生植物や水中の倒木の枝などがつくる複雑な小空間など	水生植物群落の茎葉や、自然・人工の石積みや乱杭などがつくる複雑な小空間
ハビタット	早瀬・平瀬・淵・水際や水中の植物群落、水中の構造物などがつくるある程度の均一性と広さをもつ空間、川原では石礫原、短茎草本群落、低木群落、ヤナギ林など	抽水植物、浮葉植物、沈水植物、湿生植物、ヤナギなどのある程度の大きさをもつ群落、植生のない浅水帯、干潟、沖帯の湖底など
ビオトープ	さまざまなハビタットの有機的な集合によって形成されている類型化できるかなり大きなすみ場。瀬ー淵ビオトープ、川原ビオトープ、ワンドビオトープ等	たとえば抽水、浮葉、沈水植物群落からなる水草群落ビオトープ、湿地ビオトープ、あるいは両方をまとめた沿岸帯ビオトープなど
ビオトープシステム	川や湖のさまざまなビオトープ全体と、その周辺にあって野生生物によって一体のものとして利用されている湿地、草地、森林、農耕地、水路、住宅・市街地などを包含するまとまった広いすみ場	
ビオトープネットワーク	メタ個体群の形成と存続を支えるような同類のビオトープあるいはビオトープシステムが、一定の範囲に連携して存続する状態、およびそれらを繋ぐ生態的回廊。季節的に移動して生活史を全うする生物の、各季節、各成長段階に必要なすみ場が連関して存在する状態	

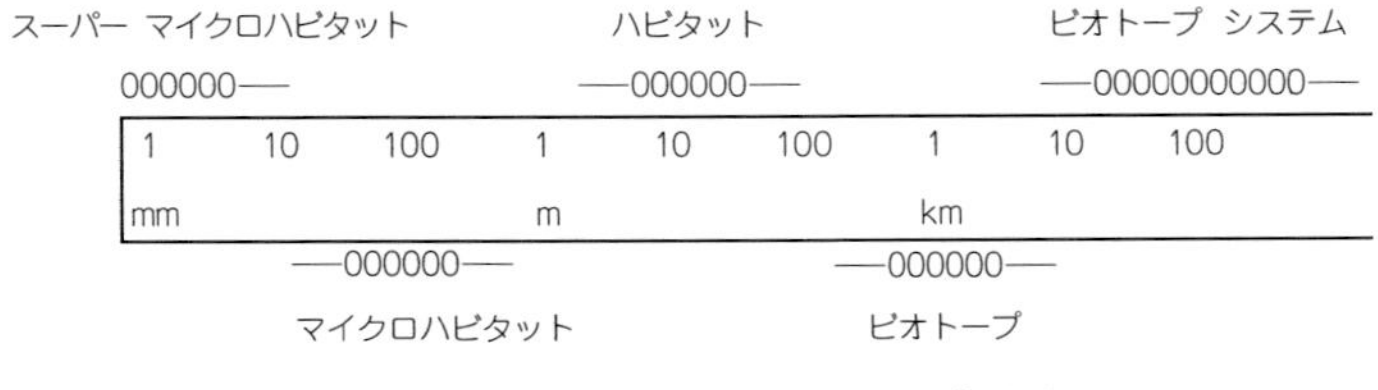

図7　すみ場の階層のおよその大きさ

存在する状態、それが地球規模のビオトープネットワークということになるわけです。表4のように、下位のすみ場は川や湖で違いますが、上位になるとまったく同じということになります。

そこで、これらすみ場の小さなものから大きなものまで、どのぐらいの大きさなのかというと、これはどこで区分するというものではなく連続したものですが、大体のオーダーとして示せば図7のようになります。スーパーマイクロハビタットというのはミリ単位、マイクロハビタットは数十センチから一メートル付近まで、ハビタットは数メートルから数十メートル単位ぐらいとなります。ビオトープだと一〇〇メートルから数キロメートルの範囲、ビオトープシステムだと一〇キロメートルから二〇〇～三〇〇キロメートルくらいの範囲をカバーするというような、大体の大きさをもっています。

五、すみ場の姿

次に、さまざまな階層のすみ場が実際にどんな姿のものであるかを述べてみます。表5に、川で見られるすみ場の階層のマイクロハビタットからビオトープまでの三段階について、渓流・山地河川、中流の扇状地河川、下流の自然堤防帯から河口のあたりまで含めて、実際に見られる例をあげてみました。以下、そのうちのいくつかを階層ごとに解説します。

五-一　スーパーマイクロハビタット

写真3は信濃川中流の河床の様子で、石の表面に藻がついています。スーパーマイクロハビタットというのは、このような藻類やカビなどがつくる生物膜の中にある微小なすみ場と考えてよいでしょう。生物膜を顕微鏡で見ますと、その膜をつくっている主体は珪藻とか緑藻、あるいはカビ（汚濁河川）のよ

表5　河川の流程区分にみられるマイクロハビタット、ハビタット、ビオトープの例

	マイクロハビタット（微生息場所） 流路の中	河岸帯	ハビタット（小生息場所） 流路の中	河岸帯	ビオトープ（生息場所）
渓谷河川〜河岸段丘河川	石・岩の表面 石・岩の間、裏の隙間 石礫の河床（部分） 砂の堆積 瀬脇の浅瀬（部分） 藻類の群落（モスマット） リターパック 水中に出た木の根系 水中の倒木 張り出した枝の陰 せり出し草本の陰 滝裏の棚・隙間	石・岩の隙間 飛沫帯の草本群落 大石の隙間 石礫の川原（部分） 砂の川原（部分） 段丘崖 枯木の幹 倒木	小さい滝 早瀬（浮き石多い） 平瀬（埋り石多い） 滝壷 淵 瀬脇の浅瀬	河畔林 河畔草本群落 石礫の川原 大石の堆積 崖地	・流路と河畔地の全体
扇状地河川	石・岩の表面 護岸・水制の表面 石礫の間、裏の隙間 護岸・水制の隙間 砂礫の河床（部分） 泥の河床（部分） 瀬脇の浅瀬（部分） 抽水植物群落（部分） 沈水植物群落（部分） 水中に出た木の根系 水中の倒木・流木 張り出し樹枝の陰 水際草本群落の陰 糸状藻類の群落 リターパック デトリタスの溜り	石礫の川原（部分） 砂の川原（部分） 短茎草本群落（部分） 長茎草本群落（部分） リターの堆積 流下ごみの堆積 倒木・流木 枯れた立ち木 侵食崖の壁	早瀬（浮き石多い） 平瀬（埋り石多い） 瀬脇の浅瀬 砂礫の河床 泥の河床 淵 入り江（ワンド） 池（タマリ） 湧水 抽水植物群落 沈水植物群落 多孔性の護岸・水制	石礫の川原 砂の川原 短茎草本群落 長茎草本群落 低木群落 亜高木・高木群落 水際草本群落 水際木本群落 水制の石積み 堤防の法面 河畔林・水防林 湧水と細流 湿性植物群落	・瀬と淵を含む流路の一定の区間 ・多様な植生をもつ川原・氾濫原 ・河畔林 ・湿生草原
自然堤防帯河川〜三角州河川	護岸・水制の表面 泥の河床（部分） 護岸・水制の隙間 水際の浅瀬（部分） 抽水植物群落（部分） 沈水植物群落（部分） 水中に出た木の根系 張り出した枝の陰 水際草本群落の陰 水中の倒木・流木 デトリタスの溜り	石礫の川原（部分） 砂の川原（部分） 短茎草本群落（部分） 長茎草本群落（部分） リターの堆積 流下ごみの堆積 倒木・流木 枯れた立ち木 侵食崖の壁	平瀬 水際の浅瀬 深い緩流部 トロ 入り江（ワンド） 池（タマリ） 湧水 抽水植物群落 沈水植物群落 湿性植物群落 多孔性の護岸・水制	石礫の川原 砂の川原 短茎草本群落 長茎草本群落 低木群落 亜高木・高木群落 水際草本群落 水際木本群落 水制の石積み 堤防の法面 河畔林・水防林 湧水と細流 湿性植物群落	・ワンドやトロを含む流路の一定区間 ・沿岸帯植生 ・多様な植生をもつ川原・氾濫原 ・河畔林 ・三日月湖 ・湿生草原
河口	デトリタスに富む砂泥の堆積 マングローブの水中根、リター、泥床		干潟（部分） マングローブ（部分）		・干潟 ・マングローブ

写真３　河床の石面の生物膜（アユかウグイの食みあとがある。）

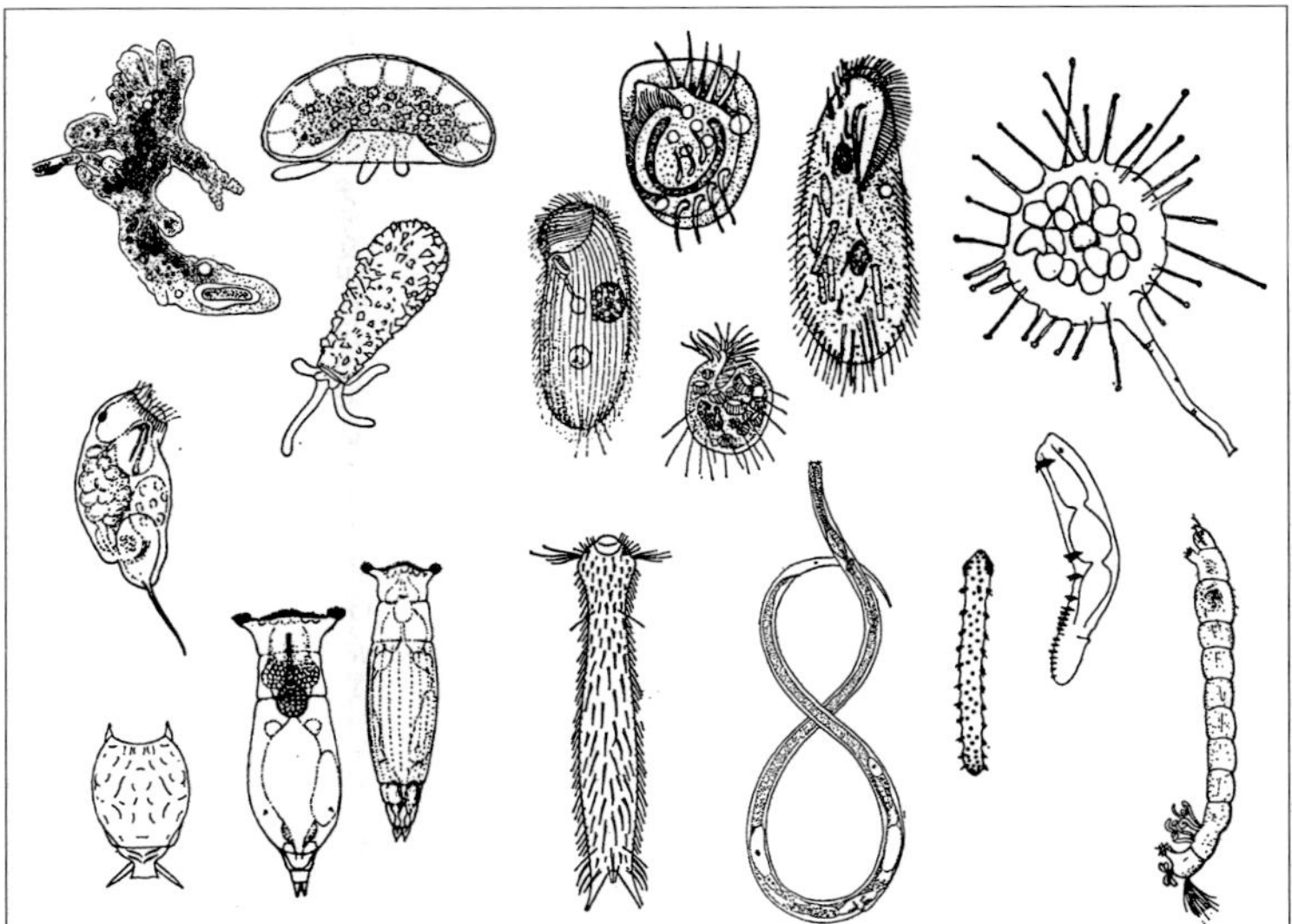

図８　河床の石面や底質のスーパーマイクロハビタットにすむ微小動物の例（原生動物、ワムシ、線虫、小型のミミズや水生昆虫の幼虫など）

うなものです。この膜のかなり厚いところでもせいぜい二～三ミリ、洪水などで洗われた後は一ミリもないような中に生きものがみられます。図8にあるような原生動物、ワムシ、イタチムシ、センチユウとか、あるいは小さなミミズや水生昆虫の幼虫の仲間で、顕微鏡で見なければ姿がわからないような小さい生きものが生物膜の中にいます。それがスーパーマイクロハビタットで、このようなすみ場は水質と密接な関係をもっています。

もう一つ、河床の砂の中にも微小な生きもののすみ場があり、それも河川環境を考える場合に大事なすみ場であるといわれています。これは、外国の研究者が最初に言い出したことで、「ハイポレイック

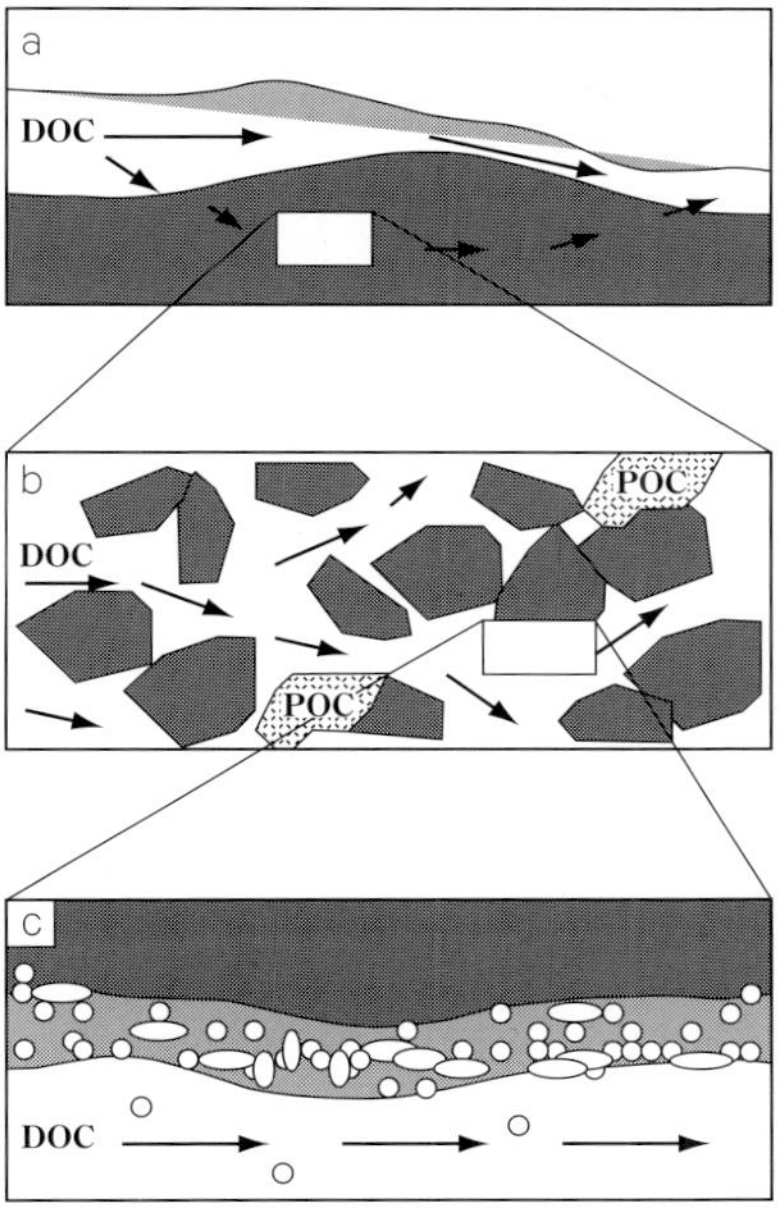

a：溶解性有機炭素（DOC）が表流水から供給される。
b：堆積物中の間隙水の流れ。粒子状有機炭素（POC）と溶解性有機炭素（DOC）が強調されている。
c：間隙水の流れとバイオフィルムの拡大。淡色の部分が細菌（白い丸と楕円）を含むバイオフィルム。

図9　河床堆積物中のバイオフィルム（hyporheic biofilm）を示す模式図
(Findlay, S. & Sobczak, W.V., 2000)

バイオフィルム」（図9）と呼ばれています。要するに、河床のこういう砂礫の中にも河床の石の表面と同じように顕微鏡的な生物膜があって、その中にバクテリアや小さな動物がすんでいて、底生動物の餌になったり水質浄化に働いたりということで、川の環境を総合的に考える場合には、こういう河床の砂の中のマイクロな環境も考えなければいけないというわけです。これもまさにスーパーマイクロハビタットになると思います。

五-二　マイクロハビタット

次は、その一つ上のマイクロハビタットの例です。**図10**は、川底の水中を画いたもので、石の表面とか石の間、石の裏の隙間などにカジカやカゲロウの幼虫などがすんでいます。図の真中の石の間に網を張っているのはヒゲナガカワトビゲラの幼虫です。こういう隙間がないと彼らは網を張って餌を集めることができません。これらがマイクロハビタットの例です。

写真4は中流域の流れの縁の浅瀬でよく見られる風景です。水の流れはあまりないが、石があってその間に大小の浅い水たまりがあるような場所です。写真のような水たまりのマイクロハビタットがたくさんあります。春から夏のはじめにかけてよく観察すると、流心に近い水たまりでは大きな稚魚が、川原に近い水たまりには小さな稚魚の群れが泳いでいて、マイクロハビタットを使いわけています。もう

五、すみ場の姿

図10　川底のマイクロハビタット

写真４　川岸の水たまりのマイクロハビタット
（千曲川）

写真５　大きな浮き石の間にかくれるギンブナ（千曲川、2000.3.7）
撮影：長田健（造景研究所）

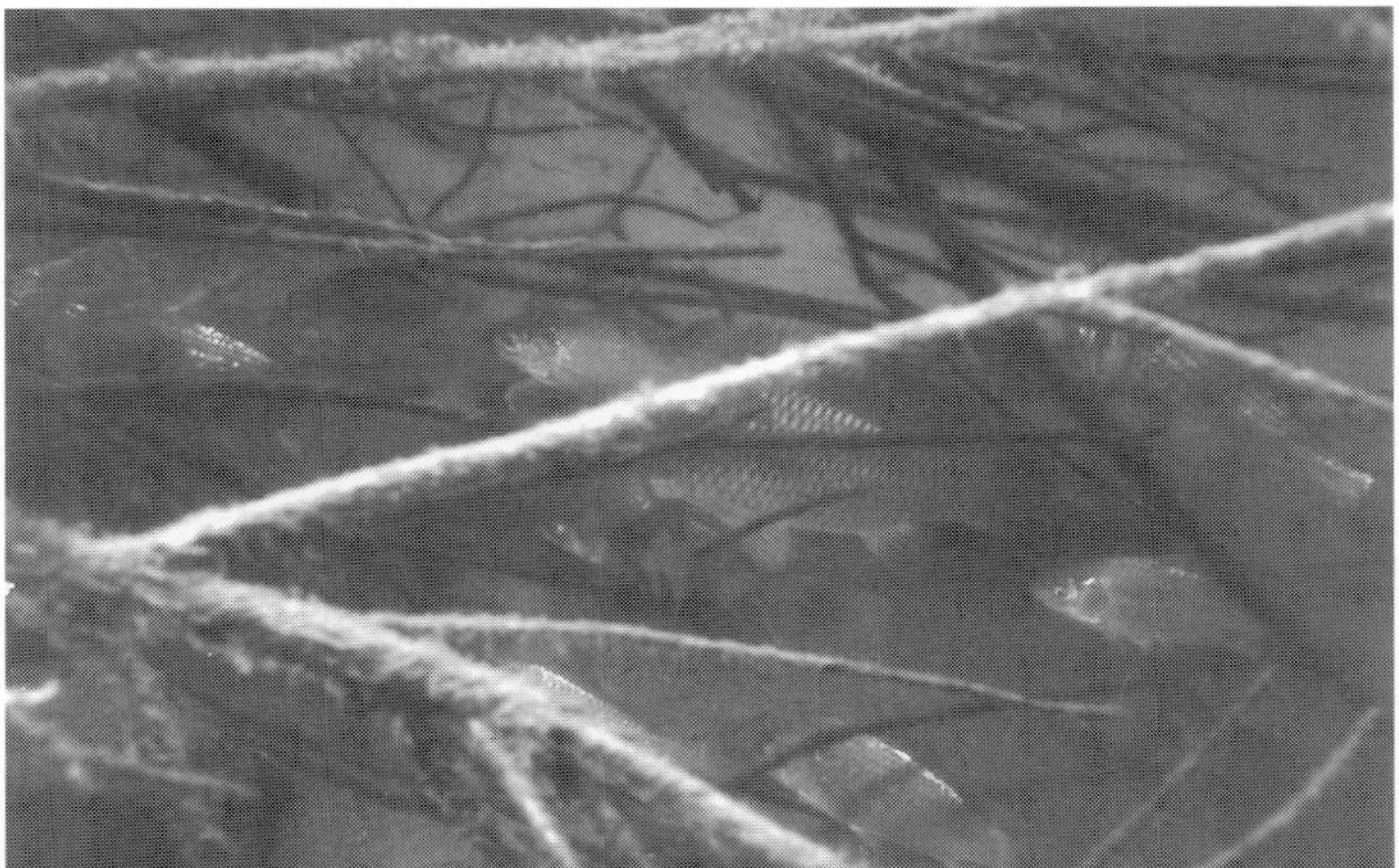

写真６　水中に倒れた柳の枝の陰に潜むコイ、ギンブナおよびケンゴロウブナ（千曲川、2000.3.7）撮影：長田健（造景研究所）

少し大きな魚だと、流心に近い河床の浮石などに隙間があるとそういうところに潜んでいます（写真5）。これは人間が近づいたから隠れたわけではなくて、普段こういうところに潜んでいて、ヒョロヒョロと泳ぎだして餌をとってまた戻ってくるというようにしています。いずれにしても、魚にとっては隙間があることが大事で、木工沈床のようなものや巨石の水制などが水中に設けられると、このようなマイクロハビタットがたくさんできるわけです。したがって、堤防を築き護岸をするにしても、流路の中にこのような場所ができる余裕をもたせることが必要でしょう。

また、川岸に木が生えていて、それがなんらかの原因で水中に倒れ込んだりすると、水中に木の枝の藪ができます。こういうところは、特に冬から春先にかけて、フナやコイの中ぐらいの大きさの個体がたくさん集まるマイクロハビタットになります（写真6）。

それから、湖の水際のミズヨシと呼ばれる水中のヨシ群落、マコモ、ガマのような水中の抽水植物群落、あるいは沈水植物の群落なども大切なマイクロハビタットをつくります。そういうところには、大きな魚は植物の茎が邪魔して入ってこれませんが、小さな魚やエビが泳ぐには十分な空間があり、しかも水中の植物の表面には餌になる藻や小動物がたくさんついている、よいすみ場になっています。

次は、もう少し大きなマイクロハビタットの例で、写真7は日光の戦場ヶ原の隅を流れている湯川です。ここは国立公園内なので、倒木があっても片付けないでそのまま放ってあり、しかもたくさんあります。釣りをする人に聞くと、こういう場所はマスの仲間のよいすみ場になっているということです。

写真７　水中の倒木がつくるマイクロハビタット（日光の湯川）

写真８　川岸の木の根や川面にオーバーハングした笹がつくる
マイクロハビタット（信州軽井沢の湯川）

自分の縄張りに流れてくる餌を倒木の中で潜んでとるのに都合のよい隠れ場になるわけです。

以前、渡良瀬遊水地に行ったときに見たのですが、思川の川岸にヤナギが点々と生えている。そのかなり太い直径二〇センチぐらいのヤナギを二本、川の中に伐り倒して水中にヤナギの藪のワンドをつくり、その間に自分用の釣り栈橋を構えている人がありました。ずいぶん自分本位ではありますが、これもマイクロハビタットづくりということになると思います。エビや小魚をとるいわゆる〝しば漬け漁〟が成り立つ理由です。

写真8は信州の軽井沢の湯川です。この川の水源は上流の浅間山の裾の湧水で、流量が安定しているので水際まで木が生えています。こういう木の下のほうが少し掘られた場所、あるいは笹が流れの上にオーバーハングしている場所はイワナやヤマメなどの隠れ場となり、格好のマイクロハビタットになります。イギリスあたりでもこのような場所があると、日本では絶滅危惧種になっているカワウソが、こういうマイクロハビタットのある川とない川では、生息密度が極端に違うという報告があります。

写真9は諏訪湖の水際のツルヨシです。ツルヨシというのはおもしろい植物で、ほふく茎(ランナー)を地上や水面に伸ばし、それで水面にひさしをつくります。この下は魚の溜まり場になるので、そのまわりは魚釣りにはもってこいの場所になります。どこの湖に行ってもこういう場所には釣り人が見られます。

次に陸上に移ります。川岸に**写真10**のような隙間のある石積み、あるいは石垣を見ることがあります。

写真９　水面にのびたツルヨシのほふく茎がつくる
マイクロハビタット（諏訪湖）

写真11　朽ちた立木のマイクロ
ハビタット

写真10　石積みのすき間の
マイクロハビタット

これはドイツのバイエルン州で写した写真です。この写真にはハツカネズミのような小さなネズミが石の隙間から顔を出しています。日本でも、こういう隙間にネズミとかトカゲやヘビのような生きものがすんでいます。これは川沿いにあるマイクロハビタットです。

このように、マイクロハビタットは材料の選び方や工法を工夫することで簡単につくれるわけです。ただし、これだけだと部分的な小細工に終ってしまうことになり、すみ場全体の保全を考えると、その場所にふさわしいほかのマイクロハビタットも含めたより総合的な工夫が必要となります。

それから、川岸に**写真11**のような枯れた木があると、この中にはキツツキなどの餌になるアリとか、昆虫の幼虫などがすんでいます。枯れ木も小鳥たちの餌になる小動物のマイクロハビタットとして重要な役割をしております。こういう場所は、つくろうとしても直ぐにできるものではないので、非常に価値があるマイクロハビタットです。

五-三　ハビタット

マイクロハビタットの一つ上のレベルの、もう少し大きいすみ場であるハビタットをみてみます。ハビタットは、マイクロハビタットのレベルのものが、かなり均質に広く集まっているような場所と考えてよいでしょう。日本の川で言えば、中流で**写真12**のような場所が普通に見られます。この辺は平瀬が

写真12　平瀬のハビタット（千曲川中流）

写真13　それぞれ典型的な淵、平瀬、早瀬と小さな川原のハビタットが見られる付知川（岐阜県）

続く、言わば平瀬ハビタットです。こういう場所はアユ、ウグイ、オイカワなどのよい餌場になるわけです。またもう少し水深が浅く流速がおそいと、コサギなどいわゆる渉禽類(嘴、首、脚が長く、浅い水中を歩いて採餌する水鳥)が餌をとるハビタットになります。

写真13は、岐阜県の付知川の扇状地の上部にあたる場所です。川の規模は小さいが、水深五～六メートルはある見事な淵があり、平瀬、早瀬が続き、そしてまた淵が現れるという、典型的な扇状地河川の姿です。こういう場所には、淵、平瀬、早瀬といった、水中のハビタットのほかに、規模は小さいが川原のハビタットなど、いろいろなハビタットを見ることができます。

写真14は、長野市を流れる犀川の河床勾配七〇〇～八〇〇分の一ぐらいのところで、とき

写真14　上：植生がない石の川原のハビタット、左：石川原に見られるイカルチドリの巣
(何れも長野市の犀川)

どき冠水するあまり草が生えてない石の川原のハビタットが見られます。こういうハビタットがないと、コアジサシとかコチドリ、イカルチドリなどは営巣できません。彼らが巣をつくる場所そのものはマイクロハビタットですが、それがわずかにあるだけでは役に立たず、やはりある程度の広さをもったハビタットが必要になります。

次はもう少し安定が続いた川原の、シナダレスズメガヤが群落をつくっている場所です（写真15）。上流の砂防工事などで使われた植物の種子が流れてきたのでしょうか、千曲川の川原ではこういうイネ科の外来種の草本群落をよく見かけます。こういう場所では、確認するのは難しいですが運がよければヒバリの巣を見ることがあります。ちょうど麦畑のような、そういう短茎草本のハビタットです。

さらに、安定期間が続いてヤナギの低木林がで

写真15　シナダレスズメガヤ群落のハビタット

写真16　タチヤナギの低木林のハビタット
（いくつもある枝のかたまりはゴイサギの巣）

写真17　琵琶湖岸の水中と陸上のヨシ群落ハビタット

きると(**写真16**)、ゴイサギやコサギなどの集団営巣に使われることがあります。これは、そういう低木のヤナギの林がつくるハビタットです。

写真17は、十数年前の琵琶湖の岸のヨシ原です。この辺は、エビの幼生やフナの仔・稚魚などがたくさんいるマイクロハビタットが集まった、水ヨシとオオヨシキリなどが営巣する陸ヨシのハビタットになります。このようなヨシ原も一定以上の面積がないと、オオヨシキリなどは営巣・繁殖できません。同じヨシ群落でも水中に生えているか陸上に生えているか、またその規模によってすみ場としての価値は大きく違うわけです。

五-四　ビオトープ

ビオトープとは、言い換えればハビタットシステムのことで、そこの場所につくられるさまざまなハビタットが一つの必然的なシステムとして集まってビオトープになります。ビオトープの中には、さまざまな異なったいくつものハビタットが含まれると考えるのです。**写真18**は富山県

写真18　平瀬、早瀬、淵がつくるビオトープ
(富山県の常願寺川)

の常願寺川ですが、ここは早瀬、平瀬、淵、これら全体が一つのビオトープとして機能している場所といえます。

　次に、瀬・淵ビオトープが魚の生息にとっていかに価値があるかということを、川の現場で証明した実験例を紹介します（図11）。これは、兵庫県の円山川で、それまで瀬や淵があった蛇行部が改修によってかなり直線の河道になったところです。そういう場所に矢板を打ち護岸をしっかりさせた上で、試験的に人工の淵をつくりました。淵をつくったら瀬も回復したそうですが、そこで魚や水生昆虫がどのように変化するかを一年間調べた実験です。愛媛大学におられた水野信彦先生が行った貴重な現場実験で、淵を再生してから三カ月後、五カ月後に魚が何倍に増えたか調べた結果を最大限に要約したのが図11です。いずれにし

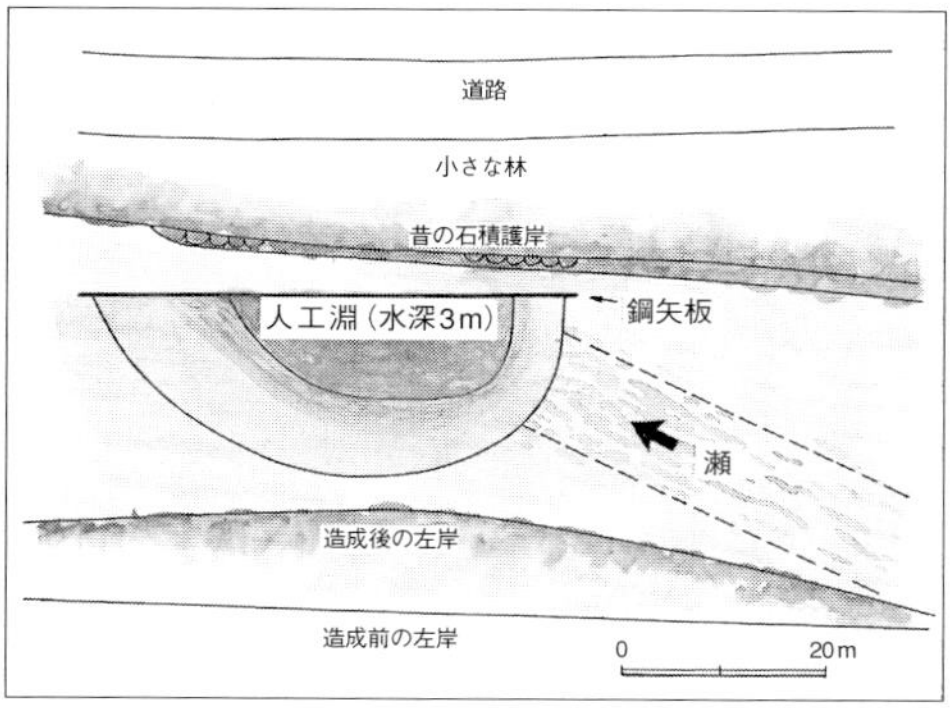

昔の淵がトロになった場所に人工的に淵を再現して、３カ月後と５カ月後に住みついた魚の数と重量を調べた。

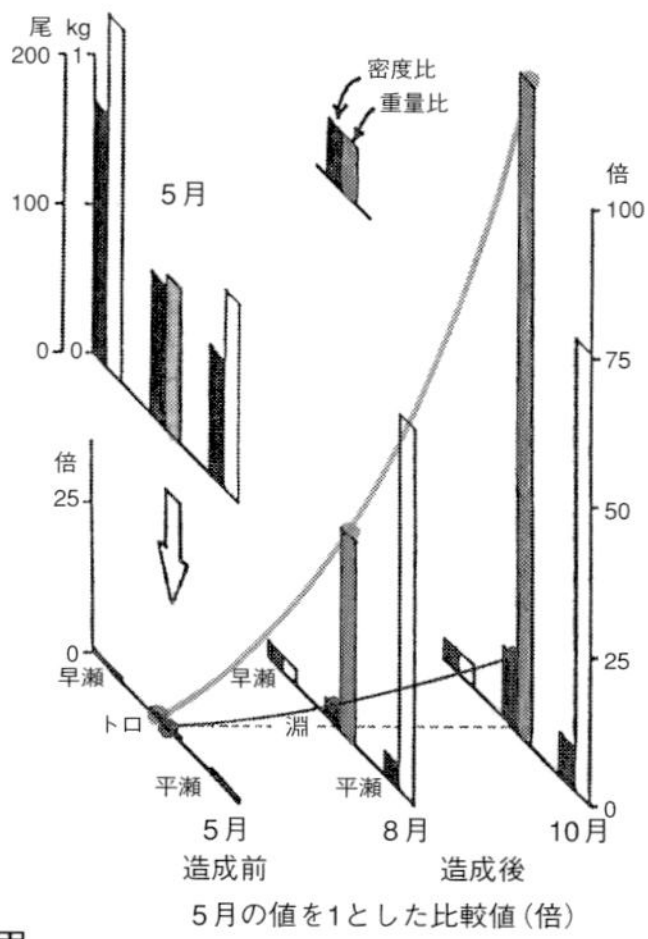

図11　魚類の生息を促す瀬と淵の効果

兵庫県の円山川のおける実験結果（水野信彦、1985）

ても魚の種類も増えたが、現存量が飛躍的に増えています。五カ月後には何と一二〇倍に増えている。また、この瀬で水生昆虫についてもそちらの専門の西村登先生が調べていますが、同じように日を追って増えています。

このことから、瀬と淵が一組になったビオトープができることによって、魚にとっては非常に快適なすみ場ができたわけです。五カ月ぐらいの間なので、おそらくここで繁殖して増えたのではなく、上流・下流から、なんらかの情報が伝わったか、あるいは、たまたま泳いできたらいい場所があったので居ついたかどうかはわかりませんが、この瀬と淵が一体となってつくるビオトープがいかに魚にとって良好なすみ場として機能しているかがよくわかります。

次に、実際に河川の改修に関連して、宇都宮市の田川の例（写真19）で、改修前と後で魚がどのように変化したかをみてみます。表6は改修前後の魚類の比較ですが、改修前に比べて改修後では魚相が大きく変わり、量も多様性も低くなっています。ウグイのような平瀬が好きな魚はあまり減らないのですが、他のいくつかの種類は極端に減っています。結局、平地の中小河川で行われた写真19のような改修によって、この川のビオトープをつくっていたハビタットが単純になったことを意味していると思います。

これを実験的に検証した例でみてみます。それは、木曽川の国土交通省の土木研究所自然共生センターにつくられた人工河川で、同じ水質と同じ流量の水を流して、真っ直ぐと蛇行させた場所で魚の生息状況を比べたものです（図12）。魚の種類数でみると、直線部に比べ蛇行部では二・五倍に、個体数では

写真19　田川の改修前（上）と改修後（下）
（建設省土木研究所河川環境室のリーフレットより）

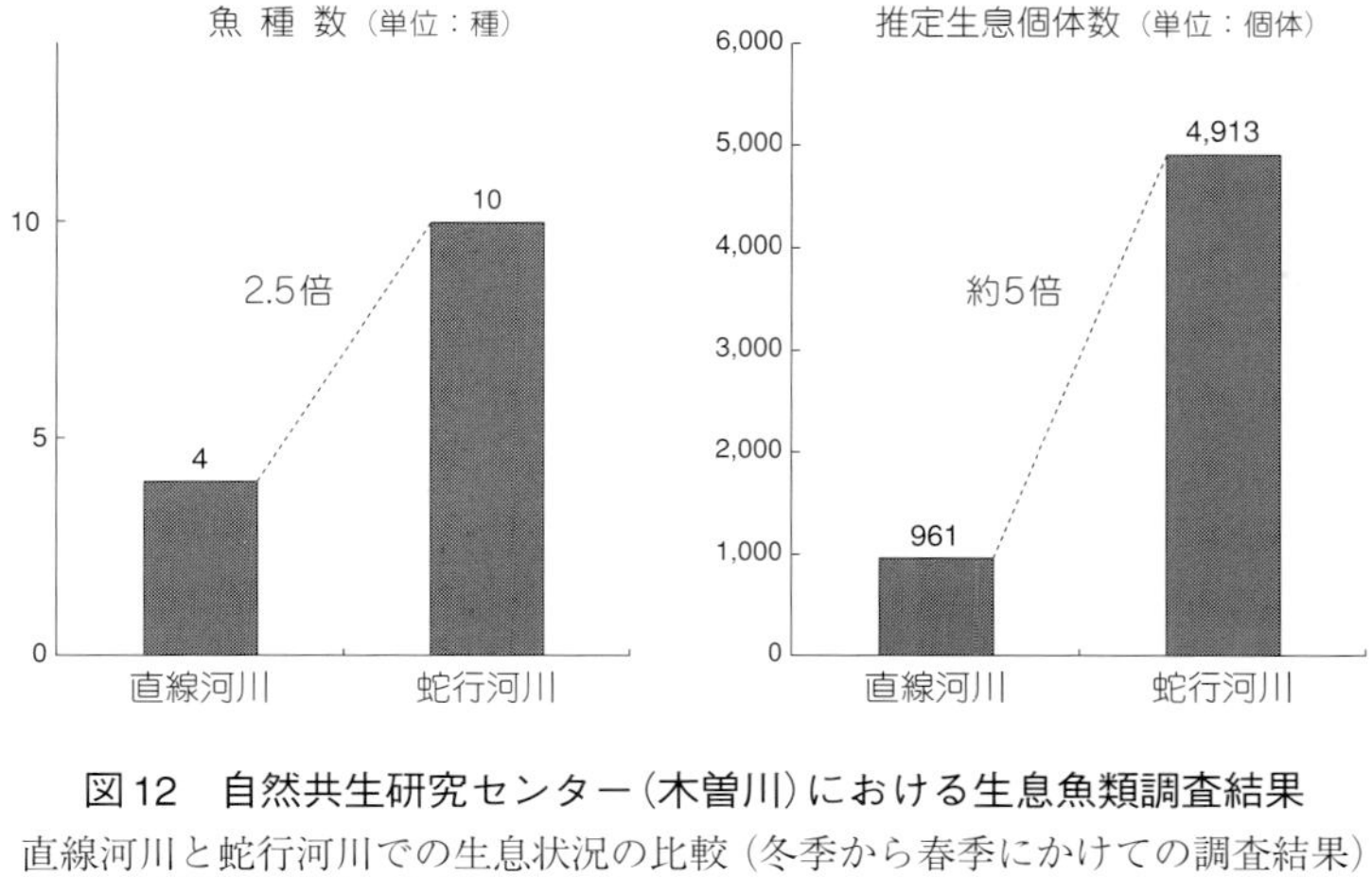

図12　自然共生研究センター（木曽川）における生息魚類調査結果
直線河川と蛇行河川での生息状況の比較（冬季から春季にかけての調査結果）
（国土交通省河川局の資料による。）

表６　改修前後の採捕魚類の比較（宇都宮市、田川）

魚　種	改　修　前			改　修　後			
	1990. 7	1990. 9	1990. 11	1991. 1	1991. 6	1992. 7	1992. 11
タモロコ	⬤	●	⬤	•	●	•	•
シマドジョウ	⬤	⬤	●			•	
ドジョウ	⬤	●	⬤	•	•		
ホトケドジョウ	⬤	●	●				
ウグイ	⬤	•	⬤	●	●	⬤	⬤
フナ	•	•	●			•	
カマツカ	•	•	●		•		•
アユ	•				•	•	
オイカワ		•	•	•	•		●
ナマズ		•	•				
モツゴ		•				•	
ヨシノボリ		•			•	•	
アブラハヤ		•	•	•		•	
コイ		•	●	•		•	
スナヤツメ			●				
ヤマメ			•				
調査方法	投　網 たも網	投　網 たも網	投　網 たも網 かい網	投　網 たも網	投　網 たも網	投　網 たも網	投　網 たも網
改修方法	一次改修 （蛇籠、連節ブロック、自然河岸）			コンクリートブロック張り（法面１：２）			
水 面 幅	10～15m			20～25m			

凡例：⬤ 50尾以上　● 10尾以上　• 10尾以下

（建設省土木研究所河川環境室のリーフレットより）

五倍に増えています。このように、流れの形態が変わるとマイクロハビタットやハビタットが多様になって、その結果、質の高いビオトープが形成されるということが実験的にも証明されています。前述の田川の調査と同じ結果を示しています。

次に川原のビオトープです。千曲川の中流はちょうど堆積や侵食が頻繁に起こる場所で、多くの川原があります（写真20）。ここでは、あまり植生がないところ、短い草が生えたところ、ヤナギの生えたところなど、いろいろなハビタットがあります。このような場所で研究室の学生と三年間ほど継続して、ハビタットないしはマイクロハビタットを鳥がどのように利用しているかということを調査しました。

その結果を簡単に図13にまとめました。図は横断面で、横軸をかなり縮小して描いてあるので非常に窮屈に見えますが、実際はもっと広々とした河川敷です。図の上段のように、多くの種類の野鳥が餌をとるハビタットとして利用しているのがわかります。このような川原は、多様なハビタットを含んだビオトープになっているわけです。

下段の図は、彼らにとってはもっと大事な子孫を残すための巣づくりをしていた場所です。この結果からいろいろなハビタットを含んだ中流の川原ビオトープが、野鳥のすみ場としていかに高い価値をもっているかがよくわかります。例えば、先ほどのチドリの仲間、コチドリ、イカルチドリなどは石だけの川原で巣をつくりますし、モズなどは小さな藪、それから侵食でできたわずかな崖でも、そこに砂を挟んだ層があるとカワセミが巣づくりに利用します。もう少し大きな藪ではキジバトが巣をつくり、ま

写真20　発達した川原のビオトープが見られる千曲川中流部
（国土交通省千曲川河川事務所による）

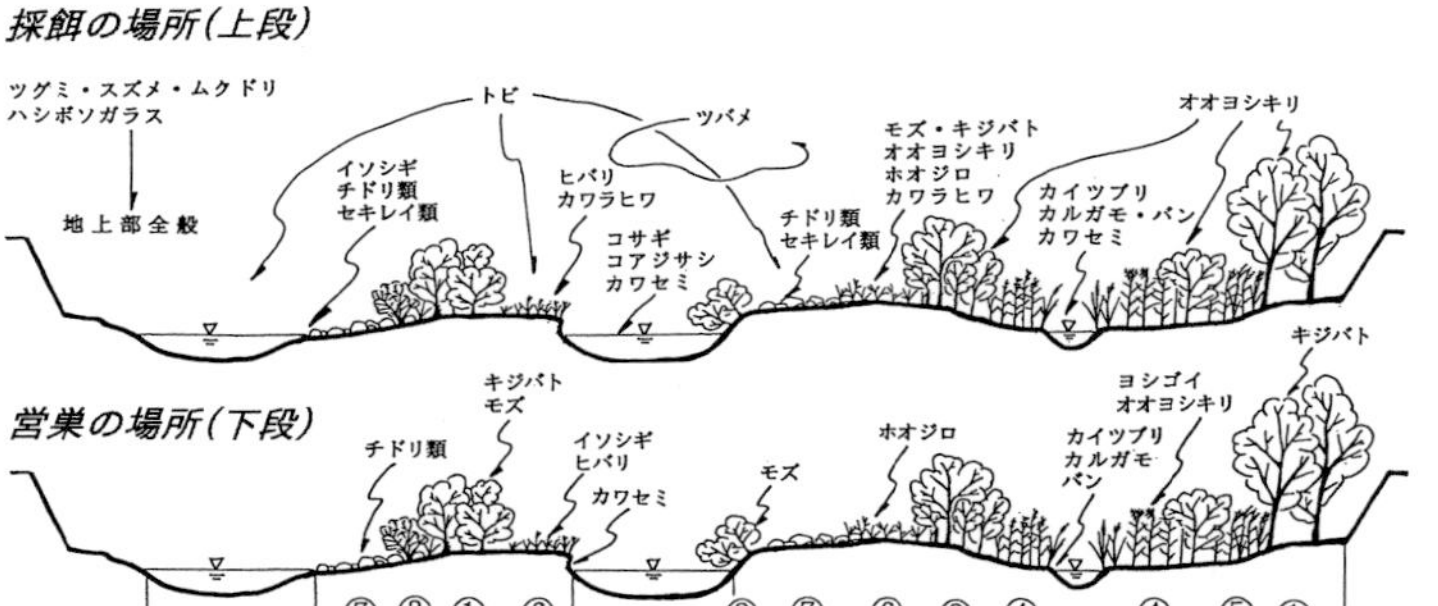

図13　千曲川中流部（長野県坂城町）の川原における鳥類のすみ場利用
1991～1994年の調査結果から（秋山幸也・桜井善雄、1994）

た流れが緩やかでヨシなどが生えている水際ではカイツブリ、カルガモ、バンなどが営巣します。さらに、少しまとまった数百平方メートル以上のヨシ原があると、オオヨシキリとか、ヨシゴイなどが巣をつくって繁殖するというように、川原はいろいろなハビタットが集まってつくられているすぐれたビオトープということになります。

五-五　ビオトープシステム

次に、ビオトープの上の階層であるビオトープシステムについて述べてみます。**写真21**は先ほどの千曲川の中流と同じ場所で、もう少し低い位置から撮った写真です。この辺りの河床勾配は二五〇分の一ぐらいで瀬が発達しています。典型的な淵はありませんがトロはあります。瀬やトロのビオトープ、川原のビオトープ、堤防護岸の法面のビオトープとか、それから畑や水田のビオトープ、林縁のビオトープなどさまざまなビオトープがこの中にあります。

また、その左岸には岩鼻と呼ばれる断崖があります（**写真22**）。この崖の上は昔の千曲川の河床面で、今の河床面とは八〇メートルもの比高があり、この上に何万年前のものか分かりませんが、川原石がのっています。この断崖の中程にちょっとした棚があり、そこでチョウゲンボウが営巣します。チョウゲンボウはこういう川原やまわりの田んぼ、堤防の法面とか、そういうところを餌場にして子育てができ

写真21　チョウゲンボウの生存を支えるビオトープシステムが存在する千曲川中流と川沿いの土地（長野県上田市）

写真22　岩鼻と呼ばれる千曲川左岸の断崖
（チョウゲンボウが営巣する棚がある。）

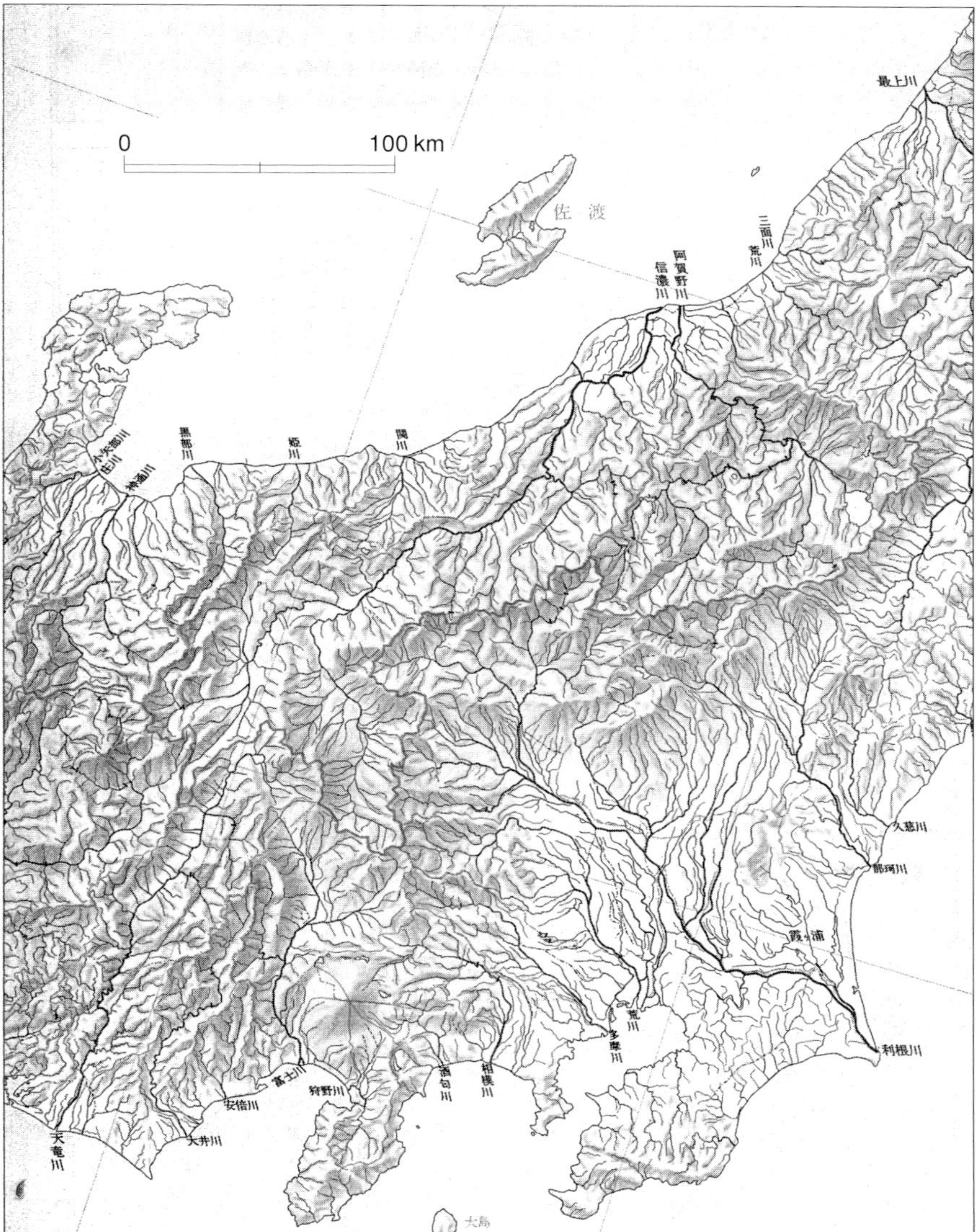

図14　信濃川、利根川などを含む本州中部の水系図
（建設省国土地理院、1977）

ます。したがって、それら全体がチョウゲンボウの生活を支えているわけで、一つのビオトープシステムということになります。

さらに信濃川を例に、もう一つのビオトープシステムについて考えてみます。図14は信濃川の水系図です。信濃川は全長三六七キロメートルの日本で一番長い川で、そのうち水源地から約二一〇数キロメートル（長野県内の流程）が千曲川と呼ばれています。新潟県との県境に近い長野県内に東京電力の西大滝ダムがあり、さらにその二〇数キロメートル下流にJR東日本の宮中ダムがあるので、今はもう上がってきませんが、昔はアユもサケも上ってきました。かつて、アユやサケが一生を全うするために利用したのは、この信濃川全体のビオトープシステムということになるわけです。今は人間の社会を支えるためにこのシステムを分断しているので、彼らにとってのビオトープシステムは役に立っていません。現在、千曲川で見られるアユは全て琵琶湖産の稚魚で、中流の瀬・淵ビオトープのある区間に放流して、漁場を支えているわけです。

以上が、すみ場の階層構造というのはどういうようになっているかということのあらましです。

五-六　ビオトープネットワーク

ビオトープネットワークには、近接したいくつものビオトープをつなぐローカルネットワークと、渡り鳥が利用するような遠隔地のビオトープをつなぐグローバルネットワークがあります。図15は、すみ場がバラバラにあるのではなく、生きものが往来できるなんらかの構造でつながっていれば、これらを併せた面積よりは大きな機能を発揮するという模式図です。写真23は、河畔林によるネットワークです。こういう河畔林があると、山と山の間を移動できない小型の哺乳類や両生類などが、この河畔林を安全な移動のための通り道、すなわち生態的な回廊（エコロジカル・コリドー）として利用できて、すみ場をより広く使えることになります。

また、グローバルな規模で移動する渡り鳥たちにとっては、例えば干潟のような場所が移動の途中にあると、餌をとったり、休んだりすることのできる、ネットワークを保証するすみ場になるというわけです（図16）。

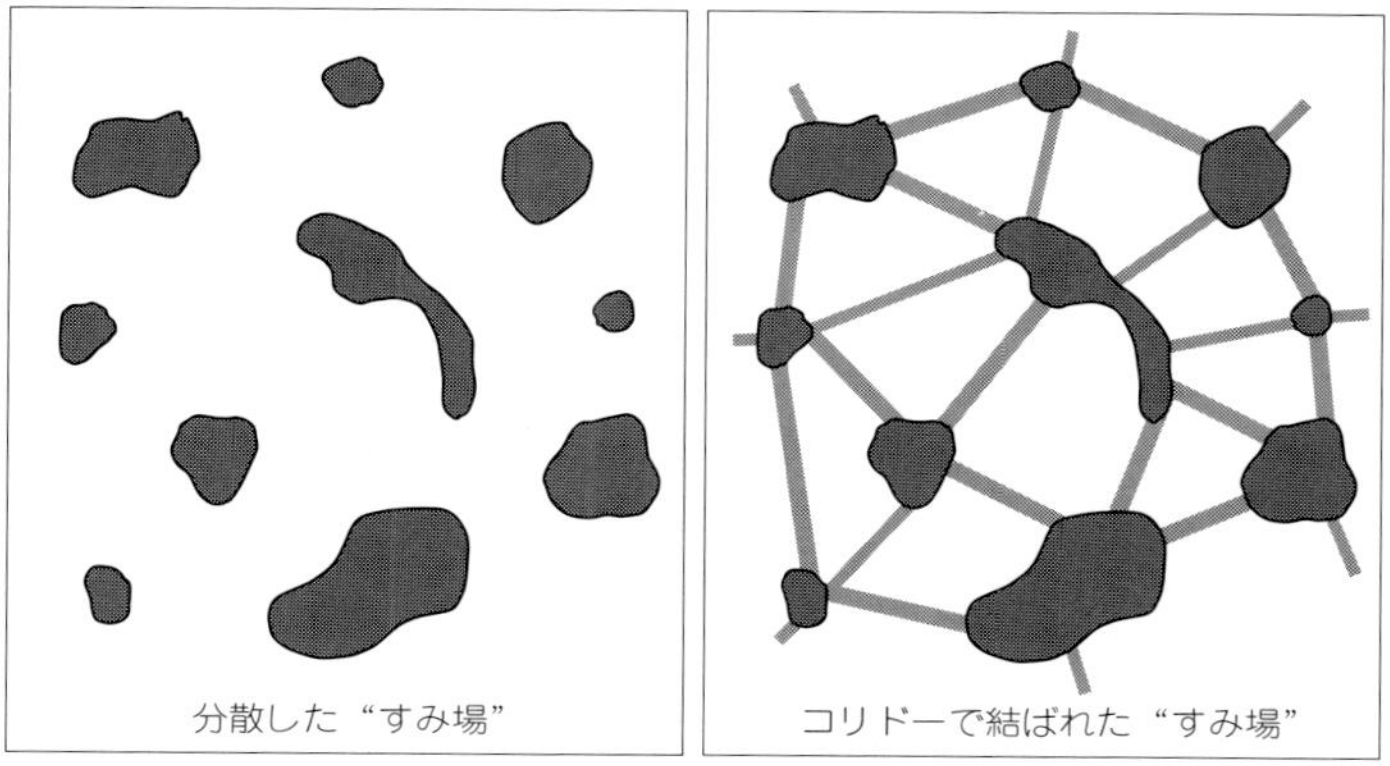

図15　すみ場のネットワーク

分散した小さな“すみ場”も生物が安全に移動できる通路（エコロジカルコリドー）で結ばれると、全部の面積を合わせた以上の価値を持つようになる（模式図）。長く続く河畔林は、このようなコリドーとして特に重要である。

写真23　左右の森をつなぐ河畔林のエコロジカルコリドー
（千葉県、房総半島）

図16　地球規模のビオトープネットワークと干潟の重要性
（上：東京湾、中：吉野川河口、下：沖縄市泡瀬）

六、河川管理とすみ場の階層

これまで、すみ場とは何か、どのようなあり方で存在しているのかについて述べてきましたが、次に、それが実際の川や国土の保全管理の事業とどういう関係があるかのかを整理してみます。図17は、その関係を大雑把にまとめたもので、事業が各階層にまたがっているように、両者の関係はきちんと分けられるものではありません。

スーパーマイクロハビタットの保全については水質の管理が主で、マイクロハビタットの保全は、工法とか材料の選択に重要な関係があり、さらにハビタット、ビオトープになると、それらの他に流水の働きを発揮させるための〝仕掛け〟が非常に大事な役割を演じてくる。それより上の階層になりますと、個々の事業の基礎になる広域的・長期的な計画が非常に重要な意味をもってくることになります。

このように、すみ場の階層的な把握というのは決して単なる知識の遊びではなく、実際の仕事をする場合に、どういうレベルのすみ場を主な対象にして考えなければならないかということを整理して考え

関係するすみ場の階層	河川・国土の保全・管理事業
スーパーマイクロハビタット	•水質の保全 •沿川の土地保全──河畔林の保全・造成など
マイクロハビタット ハビタット	•限られた区間の改修計画 •工法や材料の選択 •代替措置
ハビタット ビオトープ 地域的ビオトープシステム	•河道改修計画──ショートカットなど河道の直線化、拡幅、築堤、流路整備など •ダム、遊水地などの建設計画 •水域を含む地域整備計画──農村整備事業など •水域の生息環境の評価──管理の基礎資料づくり、事業後のモニタリングなど
広域的ビオトープシステム 地域的ビオトープネットワーク 地球的ビオトープネットワーク	•広い湿地や干潟の保全・創出計画 •広域的な河畔林の保全・創出計画 •水系全体の管理計画 •水域を視野に入れた国土計画 •国際的な協力事業──ラムサール条約など

限られた場所を対象とする場合にも、常に全体との関連を考える観点が大切である。

図17　生息環境保全に関わる河川・国土事業とすみ場の階層の関係

るのに役立つわけです。

そこで、対象となる場所にある生きもののすみ場を階層に基づいて整理した情報を、実際の仕事にどのように役立てるかという仕組みをまとめたのが図18です。以前は、生態的な面から、事業の対象になる場所にはどういう動植物が生息しているといったリストが示され、その中で何が大事かというような情報が流されただけですが、それだけでは実際の河川管理をどうやったらよいかという面で、その情報を十分に生かすことができなかったわけです。

そこで、それらの生きものがどういうすみ場をどのように利用しているのか、ということを整理すると（これはすべての生物についてやる必要はありません）、生態学的な立場から場所、面積、構造、機能、質、季節（生物はすべて季節現象をもっている）という情報としてまとめることができるわけです。もちろん、図の右側の河川事業もこのようなカテゴリーの情報をもっていますので、それぞれの情報が整理でき、

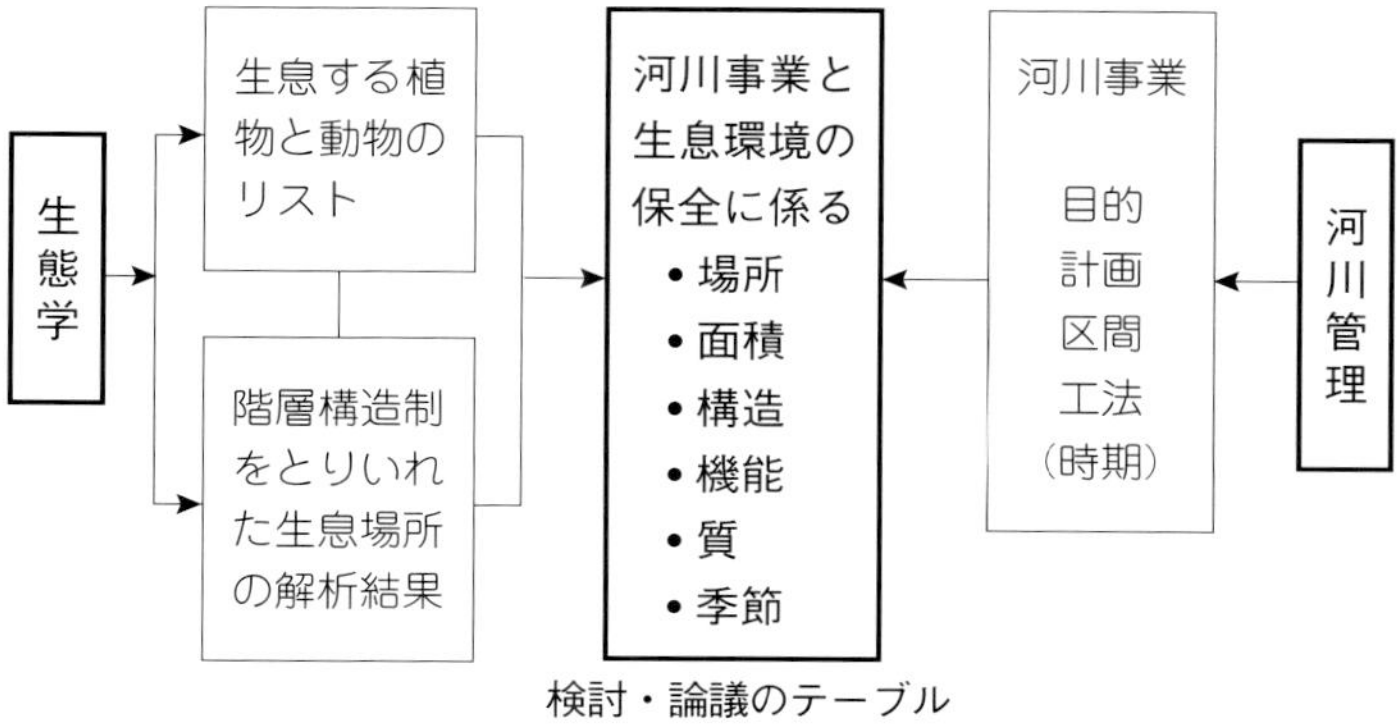

図18　川の生息環境保全のために“土木”と“生態”が共働するテーブル

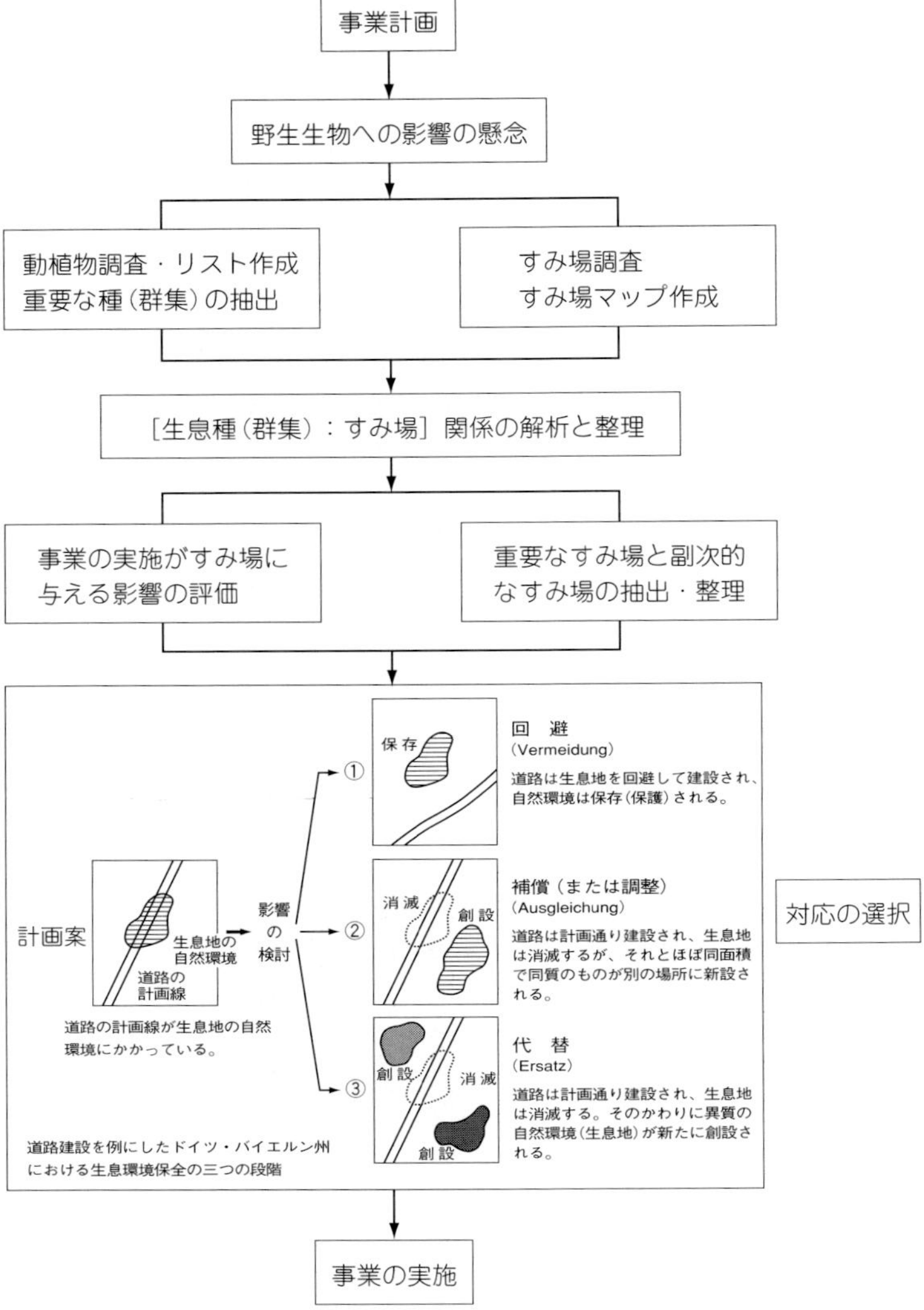

図19　すみ場の調査と評価はなぜ必要か
（下段は道路建設を対象にしたドイツ・バイエルン州の制度を参考にした。）

二つの情報をオーバーレイすれば、その影響なりそれを避ける方法なりをはじめて具体的に一つのテーブルの上で検討し、議論できることになります。そのために、階層構造制を取り入れて解析・整理した生息場所の情報が役に立つということになるわけです。

その流れを図19に示しました。結局、この流れの中で一番重要なのは、生態学の側からは「すみ場マップ」の作成ではないかと思います。すみ場をハビタットレベル、あるいはビオトープレベルぐらいのところで区分して、必要な事業が行われる場所にそれを落としていく。それで、それぞれのすみ場をどういう生物の種、あるいは群集が、いつ、どのように利用しているのかという情報が整理できます。それではじめて、生物の生息条件の保全を考えた実際の土木事業に、生態的な情報が総合的に役に立つということになるわけです。

七、すみ場の地図

すみ場地図は「ハビタットマップ」とか、「ビオトープマップ」と呼ばれています。図20は、国土交通省北陸地方整備局のダム等フォローアップ委員会で整理してもらったハビタットマップづくりの流れです。まず生息基盤の把握で、平面図にその場所の生息基盤となり得る要素を整理する。具体的には、面積、分布、景観写真による把握、生息基盤の立体構造、断面図による把握、横断方向の変化、対象ダム周辺域における生息基盤の分布を整理します。次は、大事な生息基盤と生息生物の関連の整理です。とにかく、その対象になる場所にどういうすみ場がどのように分布していて、それをどんな生物がどのように利用しているか、ということをここで整理するわけです。

そのためには、現地調査と文献調査が必要となってきます。その場合、全ての生きもの、あるいは重要な生きものだけについても、完全に現地調査だけでデータを揃えることは非常に難しいので、学術的な論文だけでなくて、広い意味の文献情報が重要な役割をもってきます。そのためにも、それらを広く

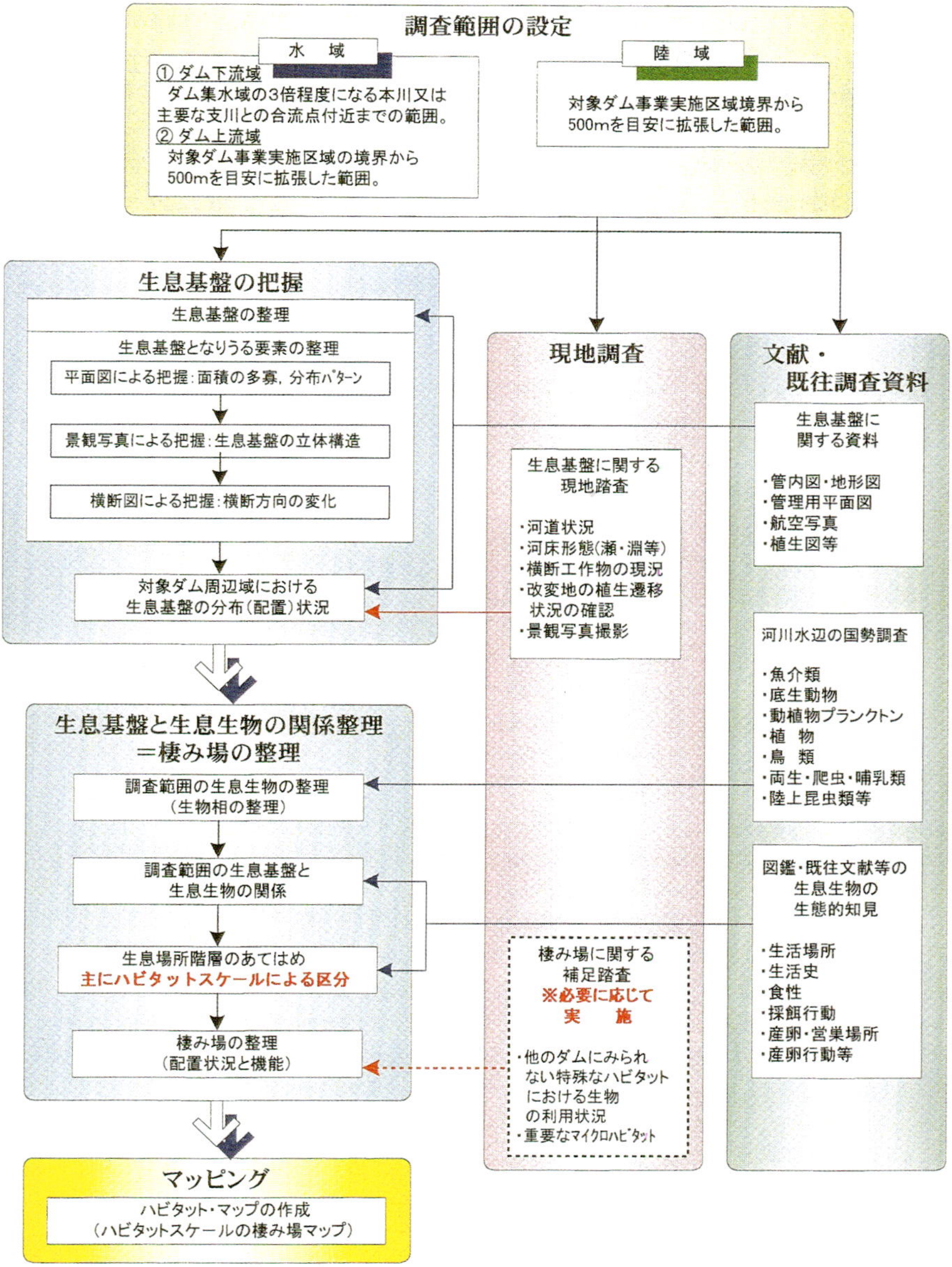
調査範囲の設定
水　域
① ダム下流域
ダム集水域の3倍程度になる本川又は主要な支川との合流点付近までの範囲。
② ダム上流域
対象ダム事業実施区域の境界から500mを目安に拡張した範囲。
陸　域
対象ダム事業実施区域境界から500mを目安に拡張した範囲。
生息基盤の把握
生息基盤の整理
生息基盤となりうる要素の整理
平面図による把握：面積の多寡，分布ﾊﾟﾀｰﾝ
景観写真による把握：生息基盤の立体構造
横断図による把握：横断方向の変化
対象ダム周辺域における生息基盤の分布（配置）状況
現地調査
生息基盤に関する現地踏査
・河道状況
・河床形態（瀬・淵等）
・横断工作物の現況
・改変地の植生遷移状況の確認
・景観写真撮影
文献・既往調査資料
生息基盤に関する資料
・管内図・地形図
・管理用平面図
・航空写真
・植生図等
河川水辺の国勢調査
・魚介類
・底生動物
・動植物プランクトン
・植　物
・鳥　類
・両生・爬虫・哺乳類
・陸上昆虫類等
図鑑・既往文献等の生息生物の生態的知見
・生活場所
・生活史
・食性
・採餌行動
・産卵・営巣場所
・産卵行動等
生息基盤と生息生物の関係整理
＝棲み場の整理
調査範囲の生息生物の整理（生物相の整理）
調査範囲の生息基盤と生息生物の関係
生息場所階層のあてはめ
主にハビタットスケールによる区分
棲み場の整理（配置状況と機能）
棲み場に関する補足踏査
※必要に応じて実　施
・他のダムにみられない特殊なハビタットにおける生物の利用状況
・重要なマイクロハビタット
マッピング
ハビタット・マップの作成
（ハビタットスケールの棲み場マップ）

図20　汎用的なすみ場調査の流れ（国土交通省北陸地方整備局、2002.1月）

収集しておくか、あるいはそういう知識を特にその地域について広くもっている人に参加してもらうということが非常に大事だと思います。

このようにしてマッピングするわけですが、つい数年前まではこのような整理はほとんどされませんでしたが、最近、いろいろな事業で行われるようになりました。その事例をいくつか紹介します。

田園環境の中に小さな川が流れていて、このような場所に道路がつくられ、橋が架けられるということを想定してハビタットマップをつくった例です（図21）。川には中洲があり、川のまわりには湧水、湿地、支流の小川、崖などがあり、それを囲むように果実園、畑、水田があるといった場所です。この中にさまざまなハビタットが区分できます。これは、実際に行われた事業ではありませんが、ここに道路をつくり橋を架けるとすると、その工事や完成した構造物がすみ場にどう影響を及ぼすのか。また、こういうハビタットに依存している生きものが致命的な影響を受けるのか、あるいは地域全体からみて我慢してもらってもよい程度であるのか、ということが具体的に読めることになります。

次は、国道一号線の伊勢大橋の架け替えの環境調査の一環としてつくられたハビタットマップです。私も調査方法についてアドバイスしました。川の両側の陸部をハビタットレベルでまとめてマッピングし、そこにどんな生きものが依存しているのかを示してあります（図22）。ハビタットの利用の仕方については、繁殖、寝ぐら、餌場、休息、それから植物では生育場所というように、生物の後に色分けして示してあります。このようにすると、橋を架け替える工事が生息・生育場所にどのような影響を与える

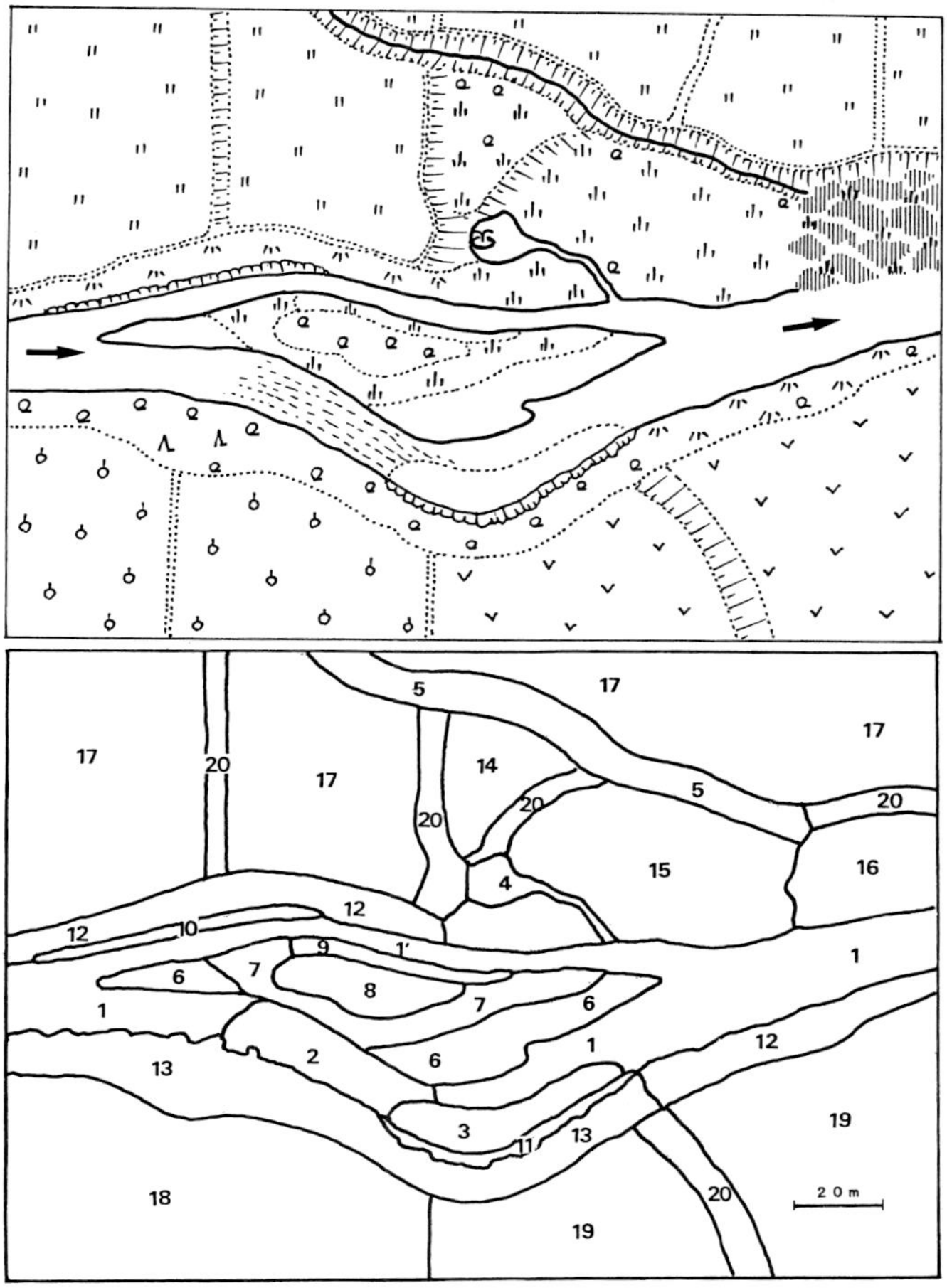

1. 平　瀬
2. 早　瀬
3. 淵
4. 湧　水
5. 土羽をもつ小川
6. 砂礫の川原
7. 低茎草本の川原
8. 低木疎群落
9. 水際草本群落
10. 土の崖
11. 岩の崖
12. ササ群落
13. 落葉樹の河畔林
14. オギ・ヤナギ群落
15. ヨシ群落(陸上)
16. ヨシ群落(水中)
17. 水　田
18. リンゴ畑
19. 普通畑
20. 畦　畔

図21　農地の中を流れる河川とその周辺のハビタットマップの一例

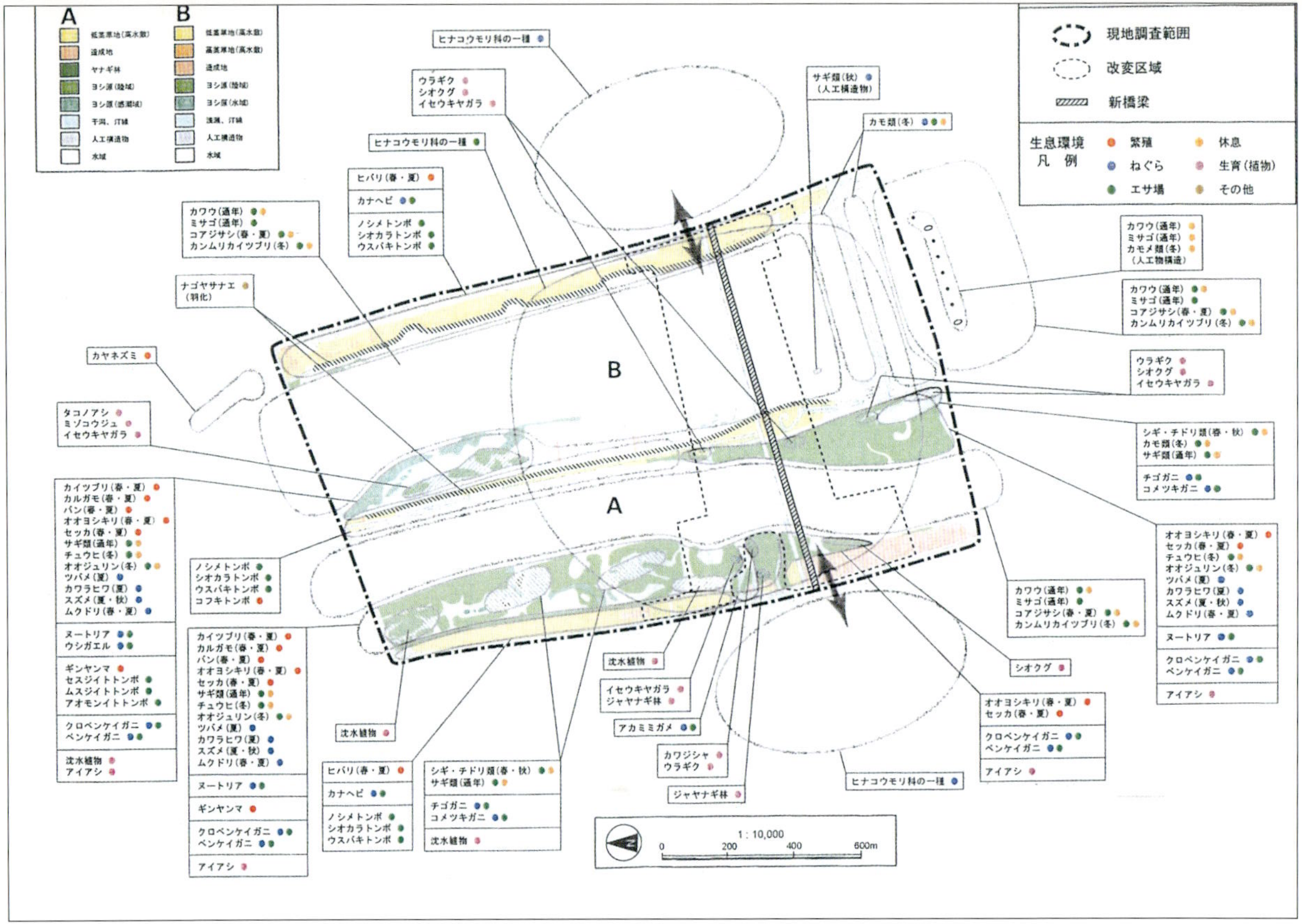

図22　国道１号線伊勢大橋のかけ替えが周辺の生物に与える影響を検討するためのハビタットマップ
（国土交通省北勢国道工事事務所、2002. 3月）

写真24　三国川ダム下流のハビタットマップ（国土交通省北陸地方整備局、2002.1月）

かということが一目瞭然になるわけです。これは、ごく最近の新しい事例です。

次の例は新潟県の三国川ダムで、下流の河川の環境をモニタリングするためにつくられたハビタットマップです。写真24のように、河畔地の草本群落、高茎草本群落、低木林、ネムノキ、ヤナギなどの河畔林など、植生のタイプがハビタットを区分する重要な指標になっています。その他に、流路の中の瀬や淵の分布、あるいは植物がない川原の分布、そのようなもので分けていくわけです。

次の例は、黒部川の宇奈月ダムからの排泥のための放流が、下流でどのような影響を及ぼすのかをモニタリングするために、これもハビタットレベルでマッピングしたものです(図23)。このマップとは別に、それぞれのハビタットに依存している生物の非常に詳しい調査が行われていますが、その資料は省略します。もう少し簡略に代表種・重要種だけ抽出して、それに注意してすみ場の変化と一緒にモニタリングすればよいと思います。

次に利根川流域の渡良瀬遊水地の例です。面積は三三平方キロメートルの広大な遊水地でありますが、ここでも今後の保全・利用・活用をどう進めたらよいか方針を出すために、ハビタットないしはビオトープレベルの調査をして、図24のようなすみ場分布の地図がつくられました。これは河川環境管理財団の業務として行われたもので、おそらく日本でこれまでにつくられた最大のハビタットマップだと思います。

この成果を一般の人にも分かるようにと、水面からの高さと植生の特徴に基づいてすみ場をハビタッ

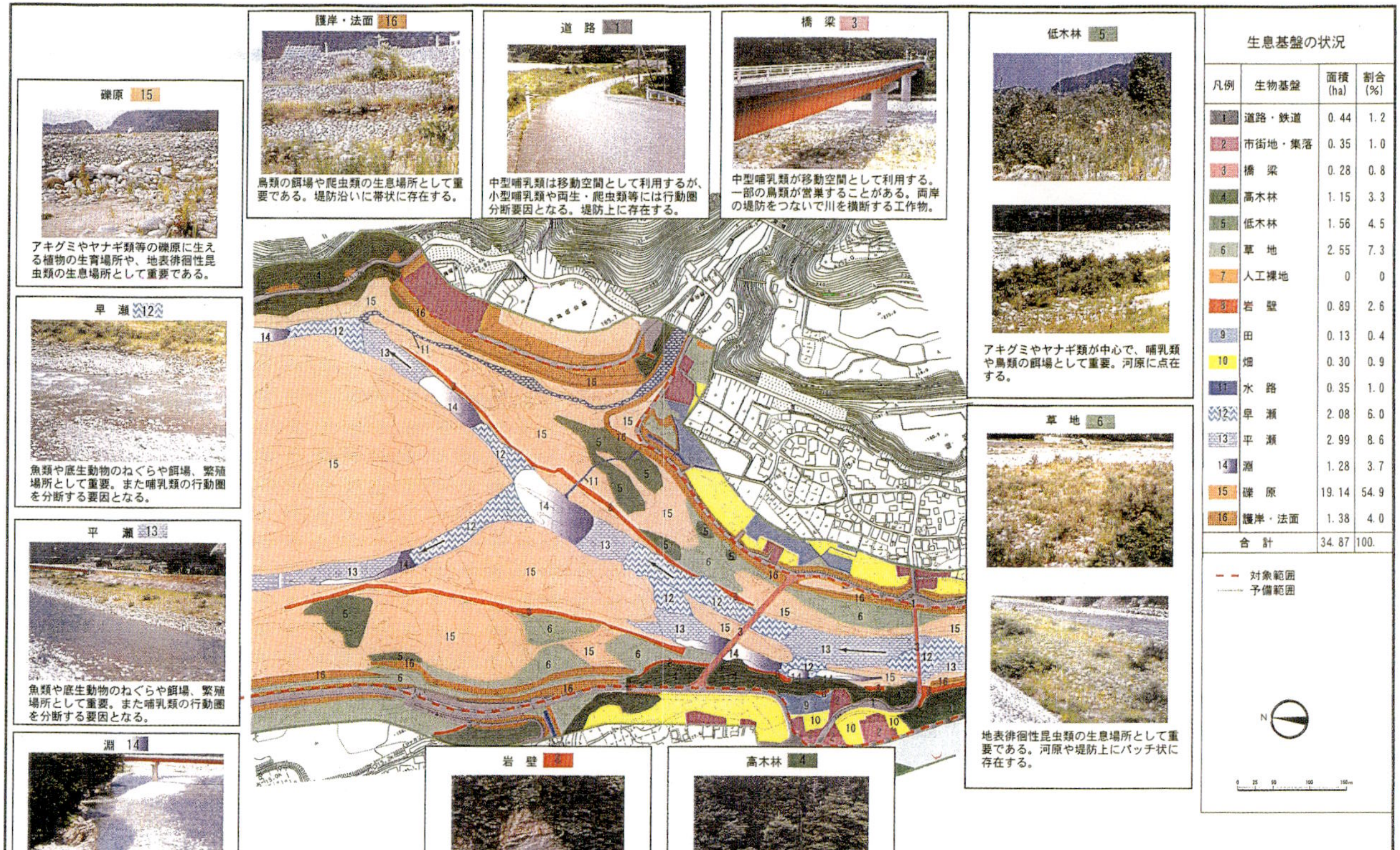

凡例	生物基盤	面積 (ha)	割合 (%)
1	道路・鉄道	0.44	1.2
2	市街地・集落	0.35	1.0
3	橋 梁	0.28	0.8
4	高木林	1.15	3.3
5	低木林	1.56	4.5
6	草 地	2.55	7.3
7	人工裸地	0	0
8	岩 壁	0.89	2.6
9	田	0.13	0.4
10	畑	0.30	0.9
11	水 路	0.35	1.0
12	早 瀬	2.08	6.0
13	平 瀬	2.99	8.6
14	淵	1.28	3.7
15	礫 原	19.14	54.9
16	護岸・法面	1.38	4.0
	合 計	34.87	100.

図23 宇奈月ダム下流のハビタットマップ
(国土交通省北陸地方整備局、2002.1月)

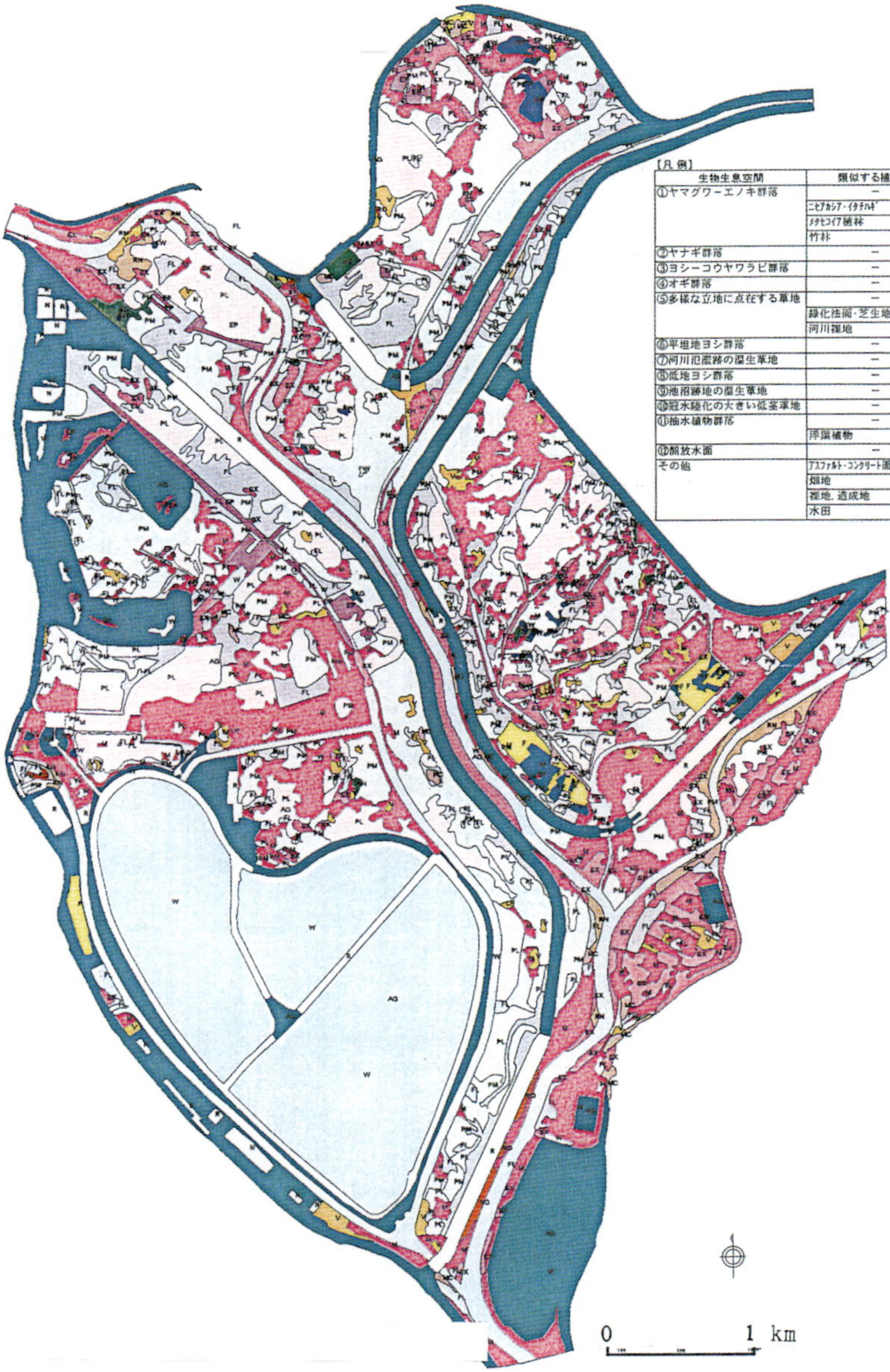

図24　渡良瀬遊水地にみられる“すみ場”の類型区分と各区分の分布
（渡良瀬川遊水地の自然保全と自然を生かした利用に関する懇談会、2000, 3月）

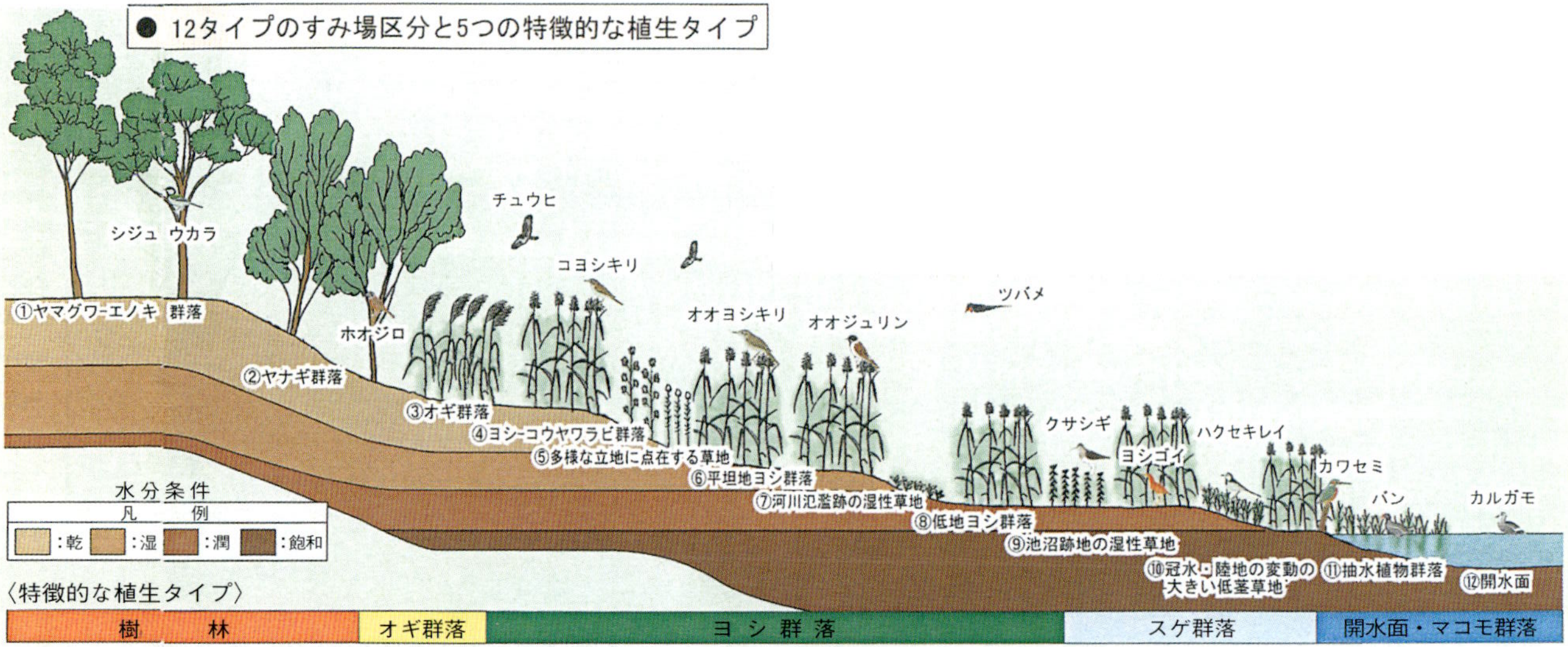

図25　渡良瀬遊水地にみられる“すみ場”の類型区分と各区分を利用する鳥類
（渡良瀬川遊水地の自然保全と自然を生かした利用に関する懇談会、2000, 3月）

トのレベルで区分し、ここでは特に野鳥が重要な生きものですので、どういう鳥がどういうハビタットに依存しているかということを図25のように整理しました。このようにマッピングすることで、渡良瀬遊水地の本来もっているすみ場というのはどういうものなのか、また今後はどういう場所を再生、あるいは改善したらよいかというようなことがみえてきて、そこからはじめて具体的な議論ができることになるわけです。

八、すみ場保全における「必然性」と住民参加

さて、これまでお話ししたような資料と方法に基づいて川の改修や管理の仕方を考えていくわけですが、その場合に大事なことは、その川の自然のダイナミックス、生態系のダイナミックス、それからその水系がもっている社会とのつながり、そのような関係の中で事業の必然性を考える。思いつきや生きものだけを大事にすればというものではなく、これらの要素に照らして必然性のある方向を探し出していくことが大切です。図26は、その必然性を見極めるための要素を示したものです。

そのためには、単に管理者、あるいは管理者から問い掛けられた懇談会なり委員会に加わっている専門家がやるだけではなく、今は住民に十分それを説明していくこと、あるいは住民の知恵や意見を取り入れることが必要になっています。図27は、アメリカのこの分野の専門家のシュタイナー氏が、そのためのプロセスをまとめた図です。ここには、このようなことを考える場合の理想的なプロセスが書かれております。

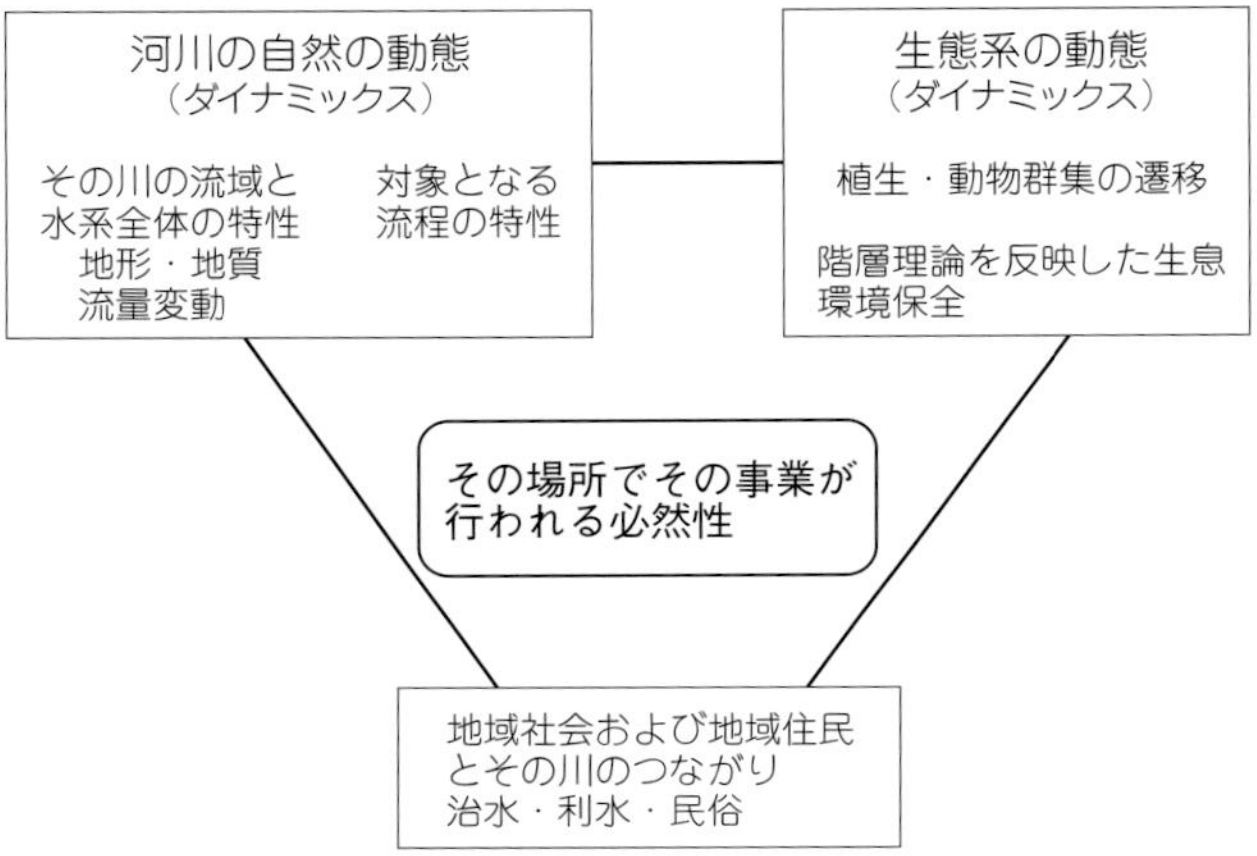

図26　自然環境の保全・回復をめざす河川事業の計画と評価の視点
河川管理の目的：安全（砂防・治水）・水資源・健全な生態系

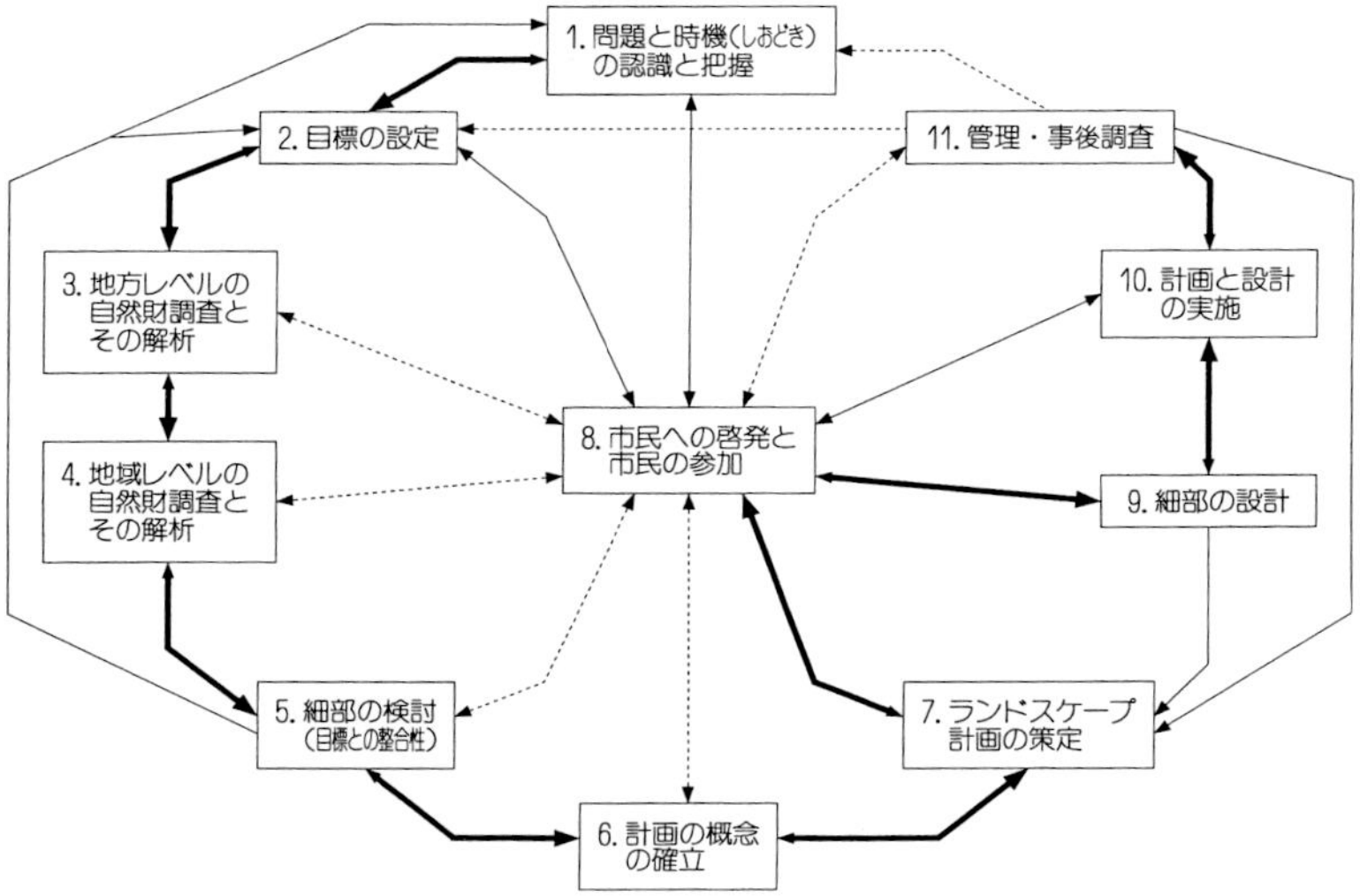

図27　生態学的環境計画のモデル（F. スタイナー、1991）．桜井（1994）から引用。

なお、この図の中心に原文では「エデュケーション&シチズン　インボルブメント」、市民に対するそれぞれの段階での説明とそれに応えての市民の参加、そういう関係が書いてあります。この「エデュケーション」は、私の訳では「啓発」としました。その理由は、「教育」という日本語だと、「(知らないから)教えてやる」というようなニュアンスにとられるのではないかと思い、「啓発」としたわけです。しかし、最近のいろいろな情勢をみますと、特に住民参加がうたわれ始めてから、川のこと、水域のこと、治水・利水、土木のことを、管理者は控えめなソフトな言い方だけではなくて、場合によってはきちんと「教える」ことが大事だということを感じることがよくあります。やはり、ここは「啓発」ではなく、原文通りに「教育」と直訳すべきだったと思っています。

九、すみ場保全の事業

ここでは、生きもののすみ場に配慮した河川事業のいくつかの事例を、すみ場の階層のレベルごとに取り上げ、優れている点や問題点を探ってみたいと思います。

九-一 スーパーマイクロハビタット

スーパーマイクロハビタットそのものに手を加えるということは難しいでしょう。やはり、ある条件設定だけしておいて、あるいは人間が行った結果として、自然にスーパーマイクロハビタットに影響が及ぶ、または影響が及ばないようにするにはどうしたらよいか、ということになるのではないかと思います。

写真25は千曲川で行われたワンドづくりです。低水護岸の設置に関連してワンドがつくられました。この事業そのものはハビタットづくりです。階段護岸もあり、水質がよければ子どもたちの水遊び場に

もなります。しかし、近寄ってみるとワンドの中の泥が腐っていました。以前から千曲川の水質や底質の調査をしていましたので、このワンドの構造を遠くから見ただけでそうなっていることが想像できました。

そこで、ワンドの中の石(写真26)をはぐってみると、裏が真っ黒です。ここの川底は、とても子どもが入って遊べるような状態ではなくて、泥が腐っていました。それは、近年千曲川の水は窒素やリンが多くなり、要するに富栄養化して藻類の生産が高くなって、それが剥げて、流れの緩いところの川底に沈殿して河床を腐らせているわけです。結

写真25　低水護岸工事に関連してつくられたワンド（千曲川、上田市）

写真26　裏が黒くなっている人工ワンドの中の石

局、こういう場所にワンドをつくっても、その中で子どもが遊んだり、川底の虫や魚を観察したりできるような、そういう川底のスーパーマイクロハビタットは、水質の富栄養化のためにできなくなっているのです。

したがって、スーパーマイクロハビタットのレベルでみると、計画の段階でこれらの状況を把握しておくことが必要だったのではないかと思われます。

次も千曲川でみられる似たような例で、**写真27**のように猛烈に藻が繁殖しています。これは、春先の一番藻が繁殖するときの緑藻です。以前、この緑藻が大量に流れていきまして、長野盆地の緩流部の大きなワンドの中で、厚さ一・五メートル以上の腐泥となって堆積したことがあります。その実状は、国土交通省の当時

写真27　河水の富栄養化のため、春、河床に糸状緑藻が大繁殖する（千曲川）

の千曲川工事事務所と一緒に調査した報告書(桜井・富所、一九九四)に載っています。

また、その途中でも、流れが緩いところに上流で繁殖した藻類が流れてきて沈殿していました。石をはぐって見た状態が写真28で、黒いところは泥と接していて、嫌気的になっている証拠です。富栄養化のために一次生産力が高いので、本流の水は日中では溶存酸素量が百数十パーセントになりますが、夜になると五〇~七〇パーセントに落ちます。したがって、流水でもそのぐらいの変動があるので、川底の泥の中は嫌気的になるというわけです。河床のスーパーマイクロハビタットの保全には、このような水質への配慮が特に重要になります。

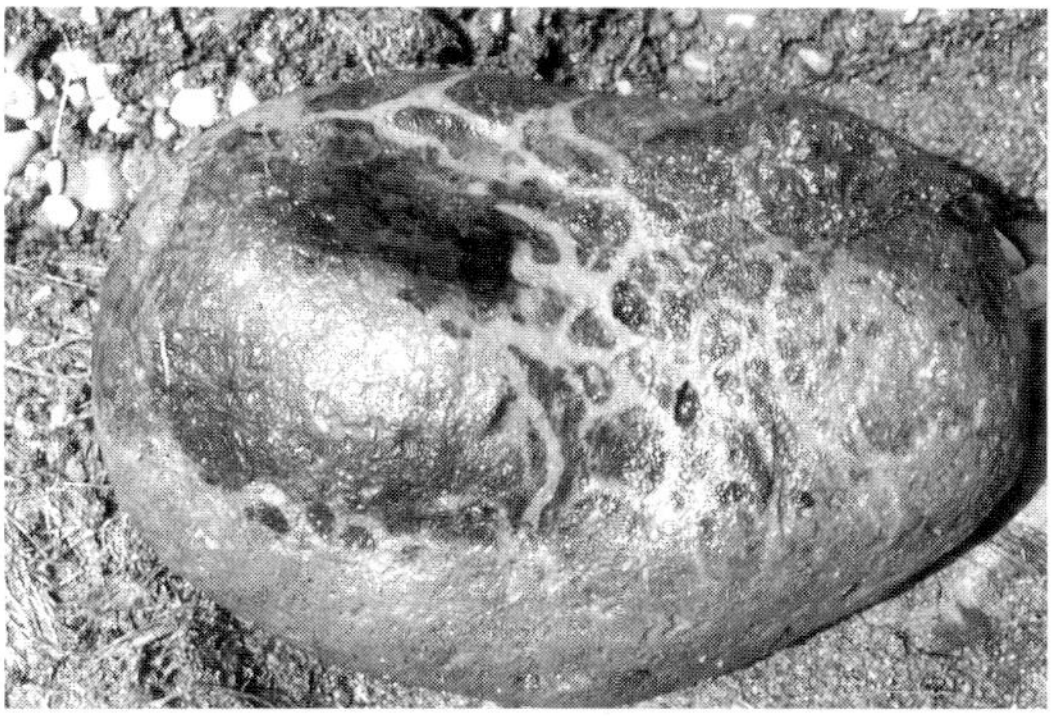

写真28　富栄養のため低質が嫌気的になり、裏が黒くなっている河床礫(千曲川)

このような状態の川でも、数十キロも流れた下流になると浄化されてきれいな河床になります。その辺りの石を剥がしてみると、石の上の方にだけ藻が付いていています(写真29)。これは、この石の下にスーパーマイクロハビタット、あるいはマイクロハビタットの中にカゲロウの小さな幼虫がすんでいて、這い出してきては着生藻を食べているのです。もし、この下が腐ってしまうと、嫌気性となって彼らの

写真29　スーパーマイクロハビタットが健康な河床

石の裏にカゲロウの小さな幼虫がたくさんすんでいる(千曲川、新潟県)。

「美《う》っつい川」を守るために

ふるさとの自然を考える会 世話人
和歌山県かつらぎ町

戸《と》西《にし》葉《よう》子《こ》さん

紀の川を遡り、九度《くど》山に近い農村、か
ぎ町にやってきた。九度山は高野山の山
あり、ここには、女人高野といわれる慈
師の母公にちなんだ慈尊院がある。有吉
子の小説『紀ノ川』のなかで、主人公の
安産を祈願して「乳房形」をつくって奉

いでみる。「泥臭い!」と一言。遠くから見ているとわか
かに」と戸西さんは表情を曇らせた。

写真30　石の裏の臭いで川底の健康診断ができる(FRONT, 1996, No.10)。

すみ場がなくなり、彼らを餌にする魚にとっても不都合になるわけです。したがって、このような場所のスーパーマイクロハビタットは健康な状態といえるわけです。

なお、このような河床が健全かどうかを簡単に調べる方法があります。それは、川底の石を拾って臭いを嗅げば川の健康診断ができるというわけです。高価な湖定器を使って酸化還元電位などを測ったりしなくても、石を持ち上げて裏の臭いを嗅ぐだけで川底の状態がわかります。要するに、硫化水素やその他の腐敗成分が発生してドブ川の臭いがするわけです。**写真30**は、(財)リバーフロント整備センターで発行している「フロント」という雑誌に載った(一九九六)写真と記事です。

九-二　マイクロハビタット

あちこちの川で、護岸に使われた**写真31**のような魚巣ブロックがあります。確かに魚の避難場所にはなりますが、これはあまりにも単調すぎると思います。できれば、**写真32**のような片法枠工というか、木枠の中に大きい石を詰めたのり止め工の方が、魚の隠れ場としての機能は数倍高くなると思われます。写真は兵庫県の千鳥川ですが、さらに土手の上にはネコヤナギかなにかが植えられているので、枝が水面に伸びてくると、その下にはやがてまた別の連続したマイクロハビタットがつくられることでしょう。

また、同じような木枠を使った護岸工法に木工沈床があります。この中を覗くと、石の隙間の外にた

写真31　護岸の基部に使われている魚巣ブロック

写真32　堤防ののり止めに採用された枠工
枠の上に低木が植えられている（兵庫県、千鳥川）。

くさんの稚魚がいます（写真33）。ちょっと脅すと、スッと石の中に隠れてしまう。要するに、彼らにとっては格好の隠れ場になるわけです。そこで、知人の長田健さんがスキューバダイビングで潜って調べたところ、沈床の上の方の石の隙間には小さな魚、中ぐらいから下は大きな魚が利用しているということです。したがって、木工沈床の石は、下の方は大きな隙間、上は小さな隙間ができるように詰めると非常に具合がよいということです。さらに、一番上の部分は土が被るぐらいにして、そこにネコヤナギなどの低木が生えれば申し分ないでしょう。このように、木工沈床一つでもさまざまなマイクロハビタットができるということになります。

写真34は愛媛県の肱川で昭和初期に行われた古い事業です。写真のように巨石の護岸があり、その上にはずっと蛇籠が伏せてあります。長い間に砂で被

写真33　木工沈床の石のすき間を隠れ場に利用するウグイの稚魚の群

写真34　肱川（愛媛県）の古い多自然護岸

写真35　クリスチャン・ゲルディー氏

われてそこにアズマネザサが生え、さらにエノキが生えて見事な多自然護岸になっています。その水際を覗いてみると、先ほどと同じようにたくさんの稚魚がいました。このエノキの河畔林も、人工の護岸に自然に生えたものですが、全体としても実に自然な景観になっています。たまたま、「近自然工法」の推進者であるスイス・チューリッヒ州河川局のクリスチャン・ゲルディー氏（**写真35**）が来日して四国に行ったときに、一緒にこの場所に案内して説明すると、「これはすばらしい、これこそまさに近自然工法だ」と言って喜んでいました。

写真36は、長野市近くの千曲川の支流の犀川に施された、日本の伝統的な構造の水制群です。このような構造物は護岸の機能を果たしながら、魚の生息のためのすぐれたマイクロハビタットを

写真36　犀川に施された水制

提供しているということになります。

次は非常にめずらしい事例を紹介します。木曽川にある犬山頭首工で、農業用水を取り入れる取水堰です（写真37）。実はここに、天然記念物のオオサンショウウオが五〇～六〇匹すんでいるそうです。おもしろいことに、ここにワンドのようなものができていて、そこに壊れかかった木工沈床があります。この木工沈床があるワンド（A）とないワンド（B）では、オオサンショウウオの生息数が極端に違うそうです。おそらくここに堰があって、海から遡上してきた魚がここでかなりとどまり、ちょうど木工沈床が隠れ場となって、オオサンショウウオにとっては三食昼寝つきのような、格好のすみ場になっているのではないかと思われます。同じようなワンドでも、

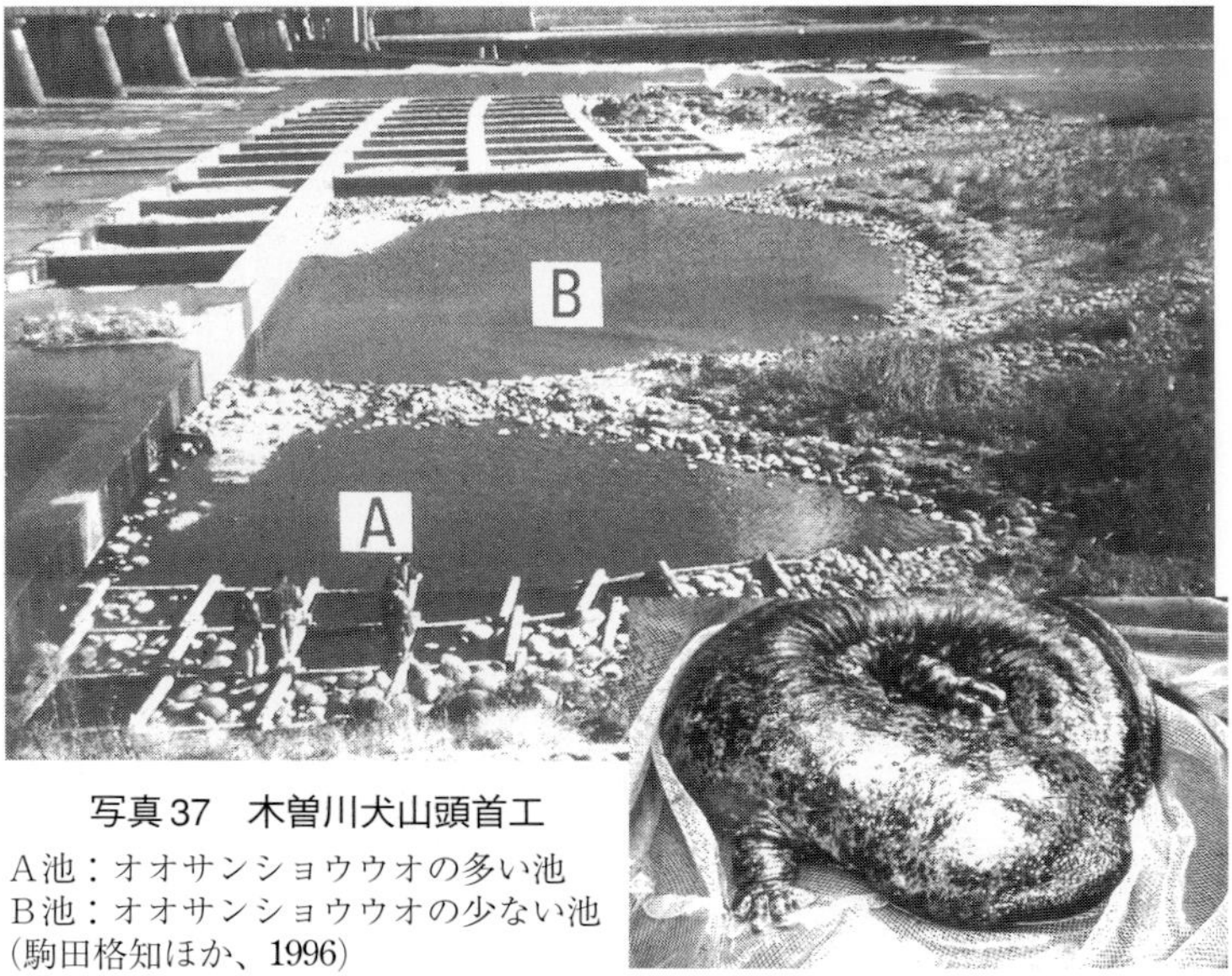

写真37　木曽川犬山頭首工
A池：オオサンショウウオの多い池
B池：オオサンショウウオの少ない池
(駒田格知ほか、1996)

木工沈床があるということが利いているわけです。これは、岐阜大学の駒田先生が調査されて、長良川河口堰のモニタリング委員会で話された事例です。

次に、陸上でのマイクロハビタットの保全例を紹介します。ここに小さなイタチがおります（写真38矢印）。このように、護岸として石が詰められた布団籠が水中から陸上にかけて施されていると、イタチなどは石の隙間のマイクロハビタットに隠れていて、こういう場所で餌を捕ったりします。さらに隙間が大きい蛇籠くらいになると、タヌキなどもすみつくことがあります。また、写真39のように川岸に石の野積があると、ここはヘビやトカゲなど爬虫類の隠れ場になります。それがまた、鳥の餌になるというようなマイクロハビタットです。

これは、数年以上前によく話題になった、旭川市の石狩川の河岸に設けられたカワセミブロックです（写真40）。護岸用のコンクリートブロックの一方の壁に穴を

写真38　農業用水ため池の護岸の布団籠にすむイタチ（矢印）

写真39　川岸につくられた小さな石塚　トカゲやヘビの隠れ場になる。

写真40　カワセミが営巣するコンクリートブロック（石狩川）

開けて、穴の奥の方はカワセミ自身で穴を掘れるような砂を詰めるという、非常に細かい配慮がされたわけです。カワセミが巣をつくるのに必要な条件を、工事事務所の所長さんが鳥の専門家と一緒に長い間観察して突き止め、それを生かしてこういう護岸のブロックを工夫したのだそうです。その結果、見事にカワセミの営巣に成功しました。この写真は、設置してから数年後に私が撮ったものですが、ここを利用している証拠に、穴の外側にちゃんと排泄物が垂れ下がっています。ブロックの前にある枝のようなものは、カワセミが巣に入る前に止まる止まり木です。これも観察の成果でしょう。土木技術者が鳥の専門家と一緒に調査をした上でこのような工夫をされたということは、本当にすばらしいことだと思います。

写真41　改修された川の低水路のり面につくられたカワセミ用の壁
人がたくさん覗きに来た形跡がある。

カワセミは人気があり、各地でカワセミ護岸がつくられています。石狩川では確かにこのブロックは、カワセミの営巣のためのマイクロハビタットとして役立っています。しかし、これをずっと並べておけば、どこでもカワセミは大丈夫だと短絡的に考えることには問題があります。営巣していることが知られると、それを見たさに人が集まり、しかもカワセミはいるかなと覗いたりすると、彼らにとっては非常に迷惑なことです。果たして安心して子育てができるか問題です（写真41）。さらに大切なことは、その周りに餌がとれるような場所が全体として整ってないといけないわけです。そういうことで、カワセミの巣づくりのためのマイクロハビタットに関心をもつのはいいことですが、やはりカワセミが安心して餌をとり繁殖できるような、ビオトープ全体への配慮が必要であるという一つの事例ではないかと思います。

そういう意味では、千曲川でカワセミが昔からいた場所で工事をしたときに、彼らのすみ場を数年間ぐらいは保証してやろうということで、写真42のように崖を切っただけで放っておきました。その結果、ここではカワセミがたくさん営巣しました。やがて崖が崩れても、また必要があれば崖をつくればいいわけです。この方が、はるかに周りの環境まで考えた、カワセミが巣をつくるための自然に近いマイクロハビタットの保全事業になると思います。

一方、この逆に感心しない例で、写真43は排水口の土管ではなく、コンクリート護岸の壁に砂を入れた土管を埋めてカワセミを呼ぼうとした例です。ここまでいくと、カワセミだけに対する執心がちょっ

写真42　カワセミの営巣のために高水敷を垂直に切っただけで放置した場所（千曲川）

人は近づけない。広い河川敷があれば、こんな対応も可能である。

写真43　カワセミのために設けられた砂をつめた土管

と行き過ぎているのではないかと思います。

次はテーマを変えて、植生護岸でのマイクロハビタットを見てみましょう。**写真44**は木曽川下流の植生護岸の様子です。ここは感潮域で水位が上下する場所ですが、ヤナギの枝の下や木工沈床の石の隙間が魚の格好な隠れ場や餌場になります。**写真45**は、渓流の小規模に護岸された場所にネコヤナギが生えてオーバハングしています。ヤナギの枝が水面を被ったり水の中まで入った場所では、魚がたくさん集まってきます。要するに、水際植物がつくる魚の隠れ場になるマイクロハビタットです。

こういう場所の川底には、どうも大きい魚ほど下の方に隠れるらしく、**写真46**は非常におもしろい写真で、ミシシッピーアカミミガメとフナとナマズのかなり大きいものがズラッと並んでいま

写真44　木曽川下流のヤナギをとり入れた植生護岸

写真45　護岸に生えたネコヤナギが水面の上まで枝を伸ばしている谷川
（岐阜県の渓流河川）

写真46　水中に倒れたヤナギの枝の陰に潜むミシシッピー
アカミミガメ（左）、ギンブナ（中央）、ナマズ（右）
（千曲川、2000.3.7）撮影：長田健（造景研究所）

す。これも先ほどの長田健さんが潜って撮った写真です。この魚たちは、ときどき泳ぎ出してひと回りしてはまたここに戻ってくるそうですが、このようにオーバハングした木やそれが倒れこんでマイクロハビタットができると、具合のいい隠れ場ができます。隠れ場と餌場があればそこで生活ができ、それで生きものの多様性も高まるということになるわけです。

九-三　ハビタットとビオトープ

ハビタットレベルとビオトープレベルについては、実際の工事の対象としてはこの二つのレベルを区別することは難しいので、ここではまとめて扱います。

荒川水系の越辺川は、埼玉県の川越あたりで小畔川と合流して入間川となり、少し下ってから荒川に合流する一級河川です。この下流の場所では、かつて川が自由に流れていたときには、こういうような流れがあったのではないかと考えて、土砂を取るときにランダムな形に掘って、後は放っておいたというわけです（**写真47**）。これは、国土交通省の荒川上流河川事務所が実施しました。

そして、五年後には**写真48**のような状態になって、まさに荒川下流に昔あったような環境が形成され、いろいろなハビタットを含んだビオトープができあがっています。なにもしないで、ただ放っておいただけですが、それがかえってこの場所にふさわしいビオトープをつくったわけです。

写真47　昔あった平野の川の環境の回復を考えて行った土砂採取のあと（越辺川、埼玉県）
このまま放置した（埼玉県生態系保護協会、堂本氏による）。

写真48　上の写真の場所（5年後の様子）

次も同じような事業です。荒川本流の北本市の辺りで、ここも高水敷から土砂をとったあと放っておきました（写真49）。それが三年後には、写真50のようになっています。昔は川が自由に蛇行して、その過程でこのような環境ができたり消えたりしていたのでしょう。そういう川の下流部にふさわしいビオトープを、川から土砂を取る事業に関連して再生したというわけです。

千曲川でも、これと似たようなことが行われました。上信越自動車道の建設の盛土としてこの辺りの寄り洲の土砂が採取されました。その際、平らに取るのではなくて、川筋が二つに分かれるように取って、中洲を残しました（写真51）。河川法が改正されたときのパンフレットにも、ここの場所の写真が載っています。

しかし、長期間にわたってみますと、写真52でもわかるようにこの場所の左岸は水裏なので、当然のように土砂の堆積が起こってしまいました。そこで、千曲川河川事務所ではこの対応をどうするかということが一つのテーマになっていると聞きました。

これは別の例ですが、河床勾配が一、七〇〇～二、〇〇〇分の一ぐらいの場所です。ここに子どもの遊び場を兼ねて、昔あったかもしれないワンドや溜まりをつくって、河川公園にしようとしたのですが（写真53）、その後の洪水でせっかく掘った入り江が埋まってしまいました。これを見ますと、こういうワンドなどは、その場所の流れの営力によって川自身がつくるような仕掛けをしないと、ただ理想的な形を考えて掘ってもそれは無理なことだと思います。着想はいいですが、やはりその場所にふさわしい

写真49　荒川：北本地籍（土砂採取直後の状況）

写真50　荒川の前の写真の場所（3年後の様子）
（建設省荒川上流工事事務所、2000.3月）

写真51　土砂の採取によって形成された中州(上)、工事前(下)

高速道路建設のため千曲川(長野市・杵淵)から土砂を採取する際に寄り州を中州化するような工事を行った。

写真52　前の写真の場所は水裏だったので土砂が堆積した
（国土交通省千曲川河川事務所による）

写真53　緩流部の水辺につくられたワンドや水路のある河川公園

ビオトープは、〃川につくってもらう〃という方式が大切なのではないでしょうか。

そういう意味で、ダム湖でうまくいっている事例が沖縄県の漢那ダムです。ここでは、副貯水池の狭窄部がこの左にあり、そこをうまく湖内堤で堰止め、この場所の水位を安定させることによって、トンボの生息環境ができた事例です（写真54）。トンボのためのビオトープです。

また、ダムの下流は、一キロメートルぐらいで海に出る昔はマングローブの林のあった場所です。マングローブは汽水域の重要なビオトープで、漢那ダムの下ではマングローブの復元再生が行われております（写真55）。

霞ヶ浦でもかつて十数年前から護岸が徐々につくられ（写真56）、それで富栄養化によるアオコの大発生やいろいろなことが重なり、水生植物、さらにヨシ群落までかなりダメージを受けています。このような湖岸の植生は、湖にとって重要な沿岸帯ビオトープです。そこで、ヨシ群落がつくるハビタットやビオトープを再生しようということで、前浜を出してヨシを植えてその前面に消波堤を設ける取り組みが、数年以上前に先行的に大岩田地籍の湖岸で実施されました（写真57）。それで上流側は二重の消波堤を千鳥に設けましたが、下流側は間が切れている消波提で、中に侵食が入っております。ここでは水ヨシ群落は再生されました。実は、私も構想の段階でこの基本構造を提案しまして、この消波堤の内側に沈水植物や浮葉植物が生えてくれるだろうと思っていました。ところが、やはり前述の千曲川のスーパーマイクロハビタットと同じで、霞ヶ浦にはアオコがまだたくさん出ていましたので、それがここに吹

写真54　漢那ダム（沖縄県）のダム湖につくられたビオトープ

写真55　漢那ダム（沖縄県）の下流に再生されたマングローブの水辺林

写真56　霞ヶ浦で行われた沿岸帯ビオトープ再生事業（上方が土浦市）
（茨城新聞社、1998）

写真57　霞ヶ浦：前の写真の土浦側の再生湖岸

写真58　沿岸帯の植生回復が行われた諏訪湖（長野県）の湖岸

き寄せられ沈殿して底泥が腐るために、浮葉植物、沈水植物はまだよく生えていません。ただ、水中のヨシだけは生えています。なお、写真58は諏訪湖で同じような事業をした場所です。

ところで、霞ヶ浦でもその後いろいろな取り組みで経験が積まれ、また水質も徐々によい方向に向っています。以前、写真59のこの辺の一帯は、アサザと沈水植物を併せて三〜四ヘクタールの大群落があった場所です。そのような湖帯に沿岸帯のビオトープを再生しようということで、昨年から十数カ所で事業が行われています。写真のように、陸上部の方はかなり植物が生えております。今後、浮葉植物や沈水植物の再生も行われますので、その成果が期待されています。こういうのが湖の沿岸帯ビオトープ再生の事業です。

それからハビタット、ビオトープに関係深い川

写真59　最近沿岸帯ビオトープの再生事業が行われた霞ヶ浦の湖岸

の構造物として魚道があります。ただし、写真60は役に立たない魚道の代表のようなものだと思います。なお、魚道は河川環境にとって大きな影響を及ぼす工作物で、専門的なことはその分野の方に委ねるとしても、私のような素人が見ても非常にいいと思ったのは、石川県の手取川上流の支流尾添川の堰堤です（写真61）。土砂を流すスリットタイプを採用して土砂の流下調節を行うとともに、さまざまな流量の段階に対応して魚が遡上できるように配慮された構造となっています。

写真62は、北海道の真駒内川のサケも上るという落差工です。これは多段式になっていますが、同じような機能をもった魚道が山形県の最上川下流の左岸から合流する立谷沢川の河口に近いところにつくられています。幅二〇メートルくらいの床止め工をV字型の緩斜路にして自然石張りにしたところ、

写真60　役に立っていない魚道

写真61　尾添川(石川県尾口村)のスリット式砂防堰堤とさまざまな流量に対応するすぐれた魚道
(『ほっと・ほくりく』No.3、2001、6月号による)

写真62　高い落差工を改良した多段型の魚道（真駒内川、北海道）

全ての流量段階で魚の遡上に対応できたということです。これは、東北地方整備局が行った事業です。非常によく機能しているようで、基本構想の段階でアドバイスさせていただき、私も勉強になりました。

なお、最近では魚道もかなり改良されてきましたが、**写真63**は逆に非常に問題の残る魚道です。砂防堰堤の全面からこれだけの水量が流下しているのに、堰堤の脇を通って堰の下（写真の右下）に出る魚道がつくられていました。しかし、その入り口がすっかり砂で埋まっています。これを見て、こういう場所で本当に魚道が必要であったのかどうか、それも魚道をつくる前に流量の変化や堆砂の状況を考慮して、十分機能するように計画されたのかどうか、大いに考えさせられる事業だと思いました。

写真63　機能していない魚道　入口に土砂が詰まっている。

いずれにしても、川の上下に優れたビオトープやハビタットがあっても、その間を移動できなければ機能しないわけで、河道を横断する堰のような構造物をつくるときには魚道が直ぐに頭に浮かびます。しかし、日本の地形は非常に急峻であり、もともと魚が遡上できないような魚止の滝などもいたるところにあります（写真64）。だから、必ずしもすべての工作物に魚道を設ける必要はなく、本当に必要な場所だけでよいのではないかと思います。

写真64　荒川（山梨県）：昇仙峡の仙峨滝

九-四　ビオトープシステム

先ほど取り上げた渡良瀬遊水地は、まさに治水と利水のためにつくられ、人為的に管理されているビオトープシステムで、その内容をさらにレベルアップさせるためのよいフィールドではないかと思います（写真65）。そのためには、この場所の昔の状況が重要な拠所になります。以前は、図28の左上のように開水面があちこちにあったのですが、今は谷中湖という人造湖だけになっています。そこで、こういうプロセスのどの段階の、どういう環境をこれから再生していくのか、それがこれからのビオトープシステム整備の課題になると思います。そしてそのことは、単にこの場所のビオトープシステムだけではなく、グローバルな意味でのビオトープネットワーク再生の対象になる課題でもあります。

また、遊水地の周りには、昔の渡良瀬川が氾濫した跡に残された池や沼がいくつもありました（図29）。そのいくつかは縮小したり消滅したりしましたが、今後、こういうものとのローカルなネットワークをどう考えるかということも重要な課題になっ

写真65　渡良瀬遊水地の第３調節池

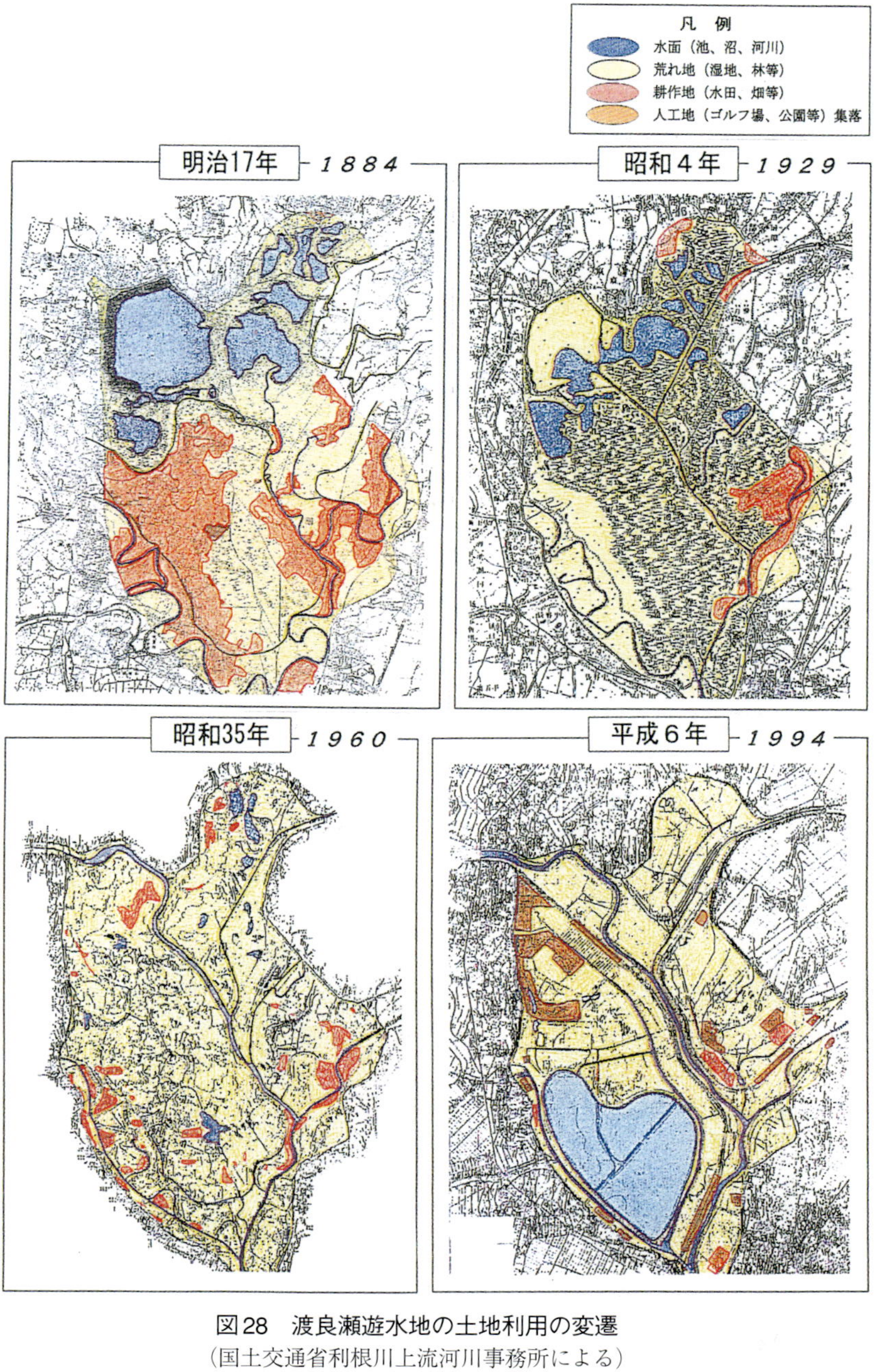

図28　渡良瀬遊水地の土地利用の変遷
（国土交通省利根川上流河川事務所による）

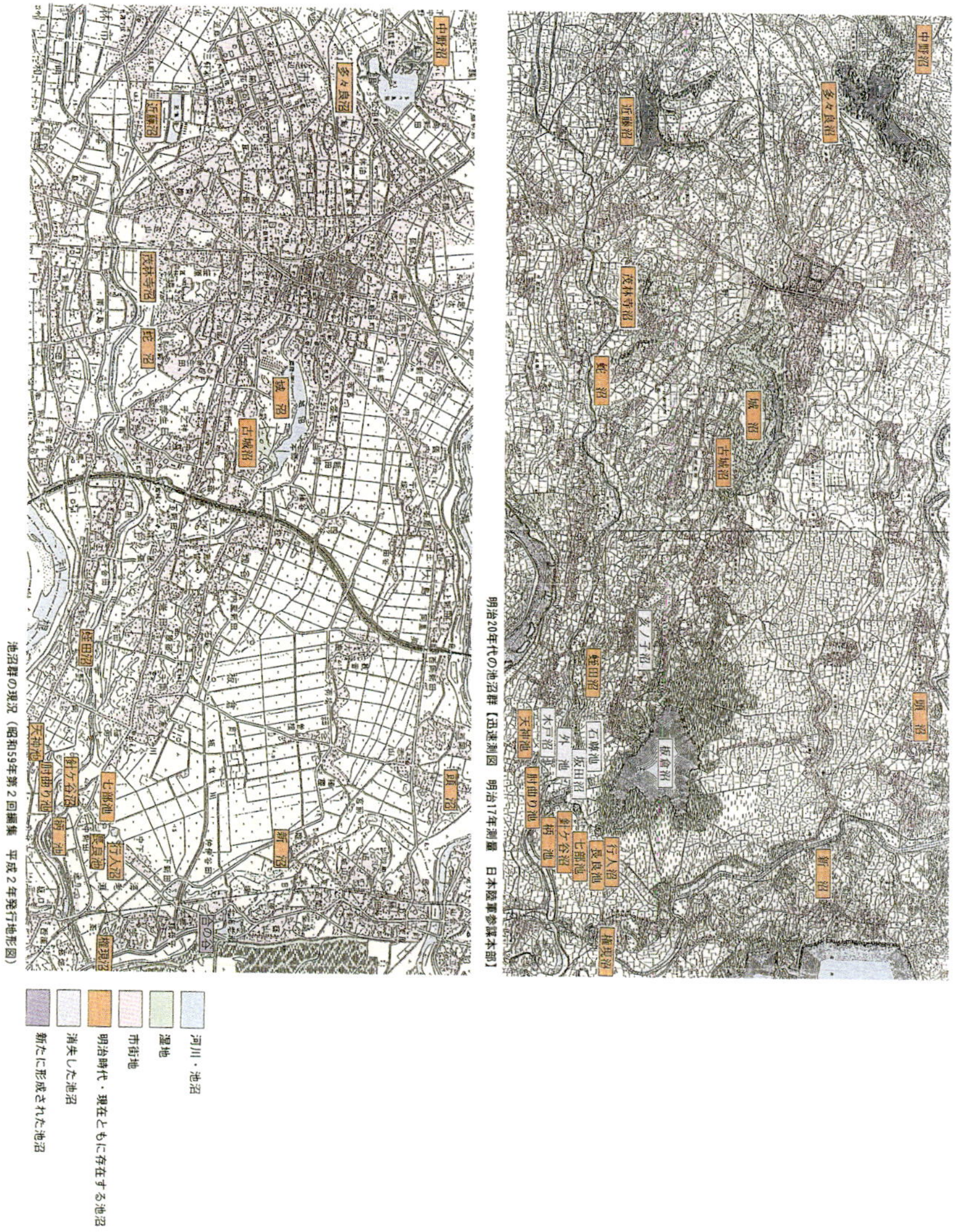

図29　邑楽・館林地域における池沼群の移り変わり
（館林財務事務所地域振興室、1997.3月）

てくると思います。

そういう意味で、ローカルビオトープシステムを回復させた、非常におもしろい事例がスイスにあります。それは、チューリッヒから二〇〜三〇キロメートル北にあるトゥール川です。現在は直線河道になっていて、ずっと割石の低水護岸が入っています（**写真66**）。そこで、この場所の下流では低水護岸を全て取り除き、水制を施して流れを自由に蛇行させ、川原やワンドや瀬を回復させました（**写真67**）。

さらに、その下流で次のようなことをしています。**写真68**に見られるように、手前の木杭のところに昔の低水護岸がありましたが、それを取り除いて河畔林の根元を侵食させるようにしました。そして、倒れた木をワイヤーロープでつないでおいて、これに一時的に護岸の役割をさせ、しかもこれが流されたり腐ってしまったらそれはそれでよしとしていま

写真66　スイス・チューリッヒ州のトゥール川
直線河道に改修されて低水護岸が施されている部分。

写真67　再活性化工事が行われたトゥール川　前の写真の少し下流部。

写真68　再活性化工事が行われたトゥール川　上の写真のさらに下流部。

す。このようなことをして、以前の川の自然環境の再生をしております。河道の幅もあり、それほど流況は激しくないので、そういうことが可能なのでしょう。この倒れた木がつないであるところ（写真69）で釣りをしていた青年に聞いたところ、ここは魚がよく釣れると言っていました。

また、先ほどの河畔林の外側は写真70のような畑です。洪水になると水はここまで溢れてきます。それを止めるために、ずっとなだらかな低い土手がつくられています。これは、畑の中に一メートルぐらいの低い盛土をして、その表面にまた表土を戻して畑として耕作しながら、それが高水時には堤防の役目を果たしているわけです。このように、先ほどのような管理された川を、部分部分でできる環境回復を行うことによって、全体のビオトープシステムを回復させるという事業の例です。このような事業はスイスならではのことで、日本の国土でそのまま

写真69　河岸の倒木をワイヤロープでつないで護岸のはたらきをもたせている（トゥール川、写真68の左側の場所）

写真70　トゥール川沿いの農地

畑の中につくられた、この低いマウンドが高水堤防である。

写真71　雫石川御所ダム（岩手県）のダム湖上流端に夏になると現れる大きな湿地ビオトープ
（国土交通省北上川ダム総合管理事務所、1999.11月）

適用することは無理な点はあると思いますが、考え方は大変参考になります。

日本で沿岸帯ビオトープ創出の面で参考になるのが、岩手県の雫石川の御所ダムです。ここでは、夏の制限水位のときに数ヘクタールの見事な湿地が現れます（写真71、写真72）。中に入ってみると、水辺のハビタット、あるいはビオトープレベルの景観をたくさん見ることができます（写真73）。

ところで、ここは意識的につくった湿地ではないのです。御所ダムはロックフィルダムで、その堤体の材料を採取するために掘った場所をそのまま放っておいたら、幸い流入水や湧水があったために十数年経って、このような湿地ができたのでした（写真74）。

図30に御所ダムの年間の水位のグラフを示し

写真72　雫石川御所ダムの下久保地区の湿地ビオトープ（1995.8月）

写真73　雫石川御所ダムの下久保地区の湿地ビオトープ（1998. 8 月）

写真74　御所ダムのビオトープは、このような基礎の上に
自然に発達した（いずれも 1981 年当時）

上：下久保地区のフィルター材採取場の全景、下：兎野地区の骨材採取場所
（北上川ダム統合管理事務所による）

ました。先ほどのすばらしい湿地の景観が見られるのは、制限水位以下に水位が下がる七月〜一〇月頃になります。ところが春から徐々に水位が下がっていくわけで、魚や両生類や水鳥たちが産卵のために水際の環境を利用するのは、まさにその時期なのです。ですから、例えばカエルが昨日卵を産んだ場所が、二、三日経つと干上がってしまうようなことが起きるわけです。ですから、この中の適当なレベルに、季節と地形をみて適当なレベルの場所に湖内堤をつくると、そのレベルいかんによって、景観的にはもちろん変わって水面がずっと多くなりますが、ダムの水位が下がる夏の間にも一定の水位が維持されるので、生きものの生活史の中で一番重要な繁殖に役立つ水辺の沿岸帯ビオトープができるということになります。そういう意味で、御所ダムではビオトープの保全を意識して水位調整をしているわけではないのですが、非常に貴重な示唆を与えてくれるすばらしい場所だと思います。

そういう意味では現在検討が進んで、ほぼ方向が決まった広

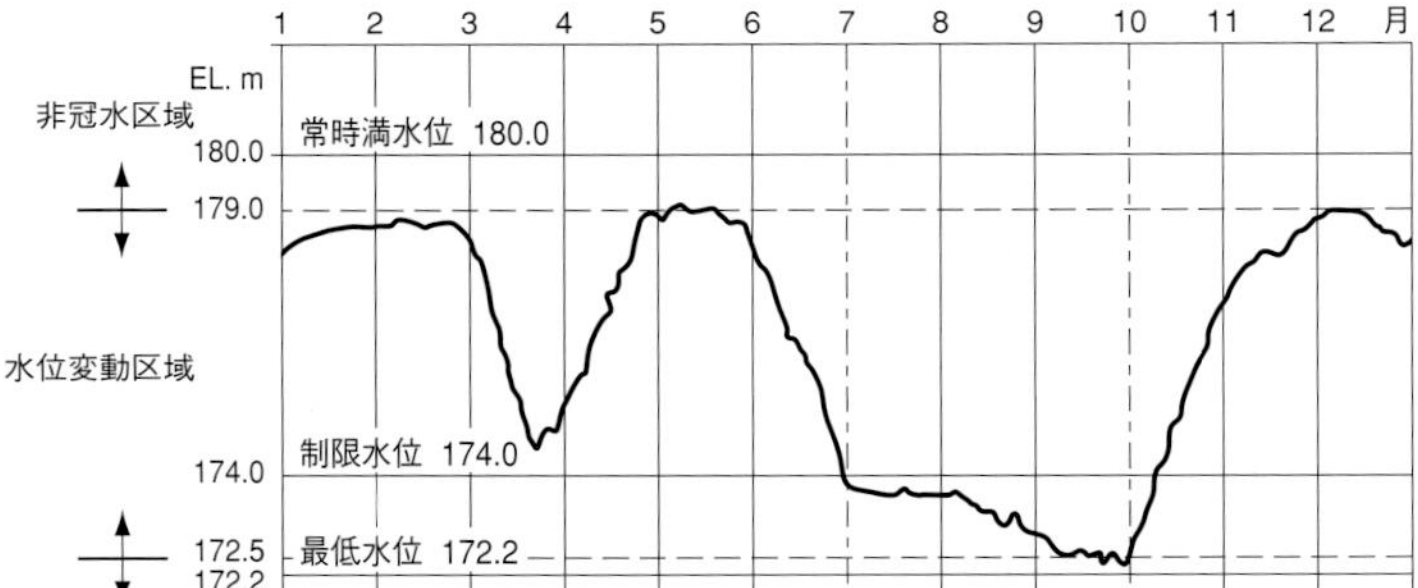

図30　雫石川御所ダムの年間水位曲線（北上川ダム総合管理事務所による）

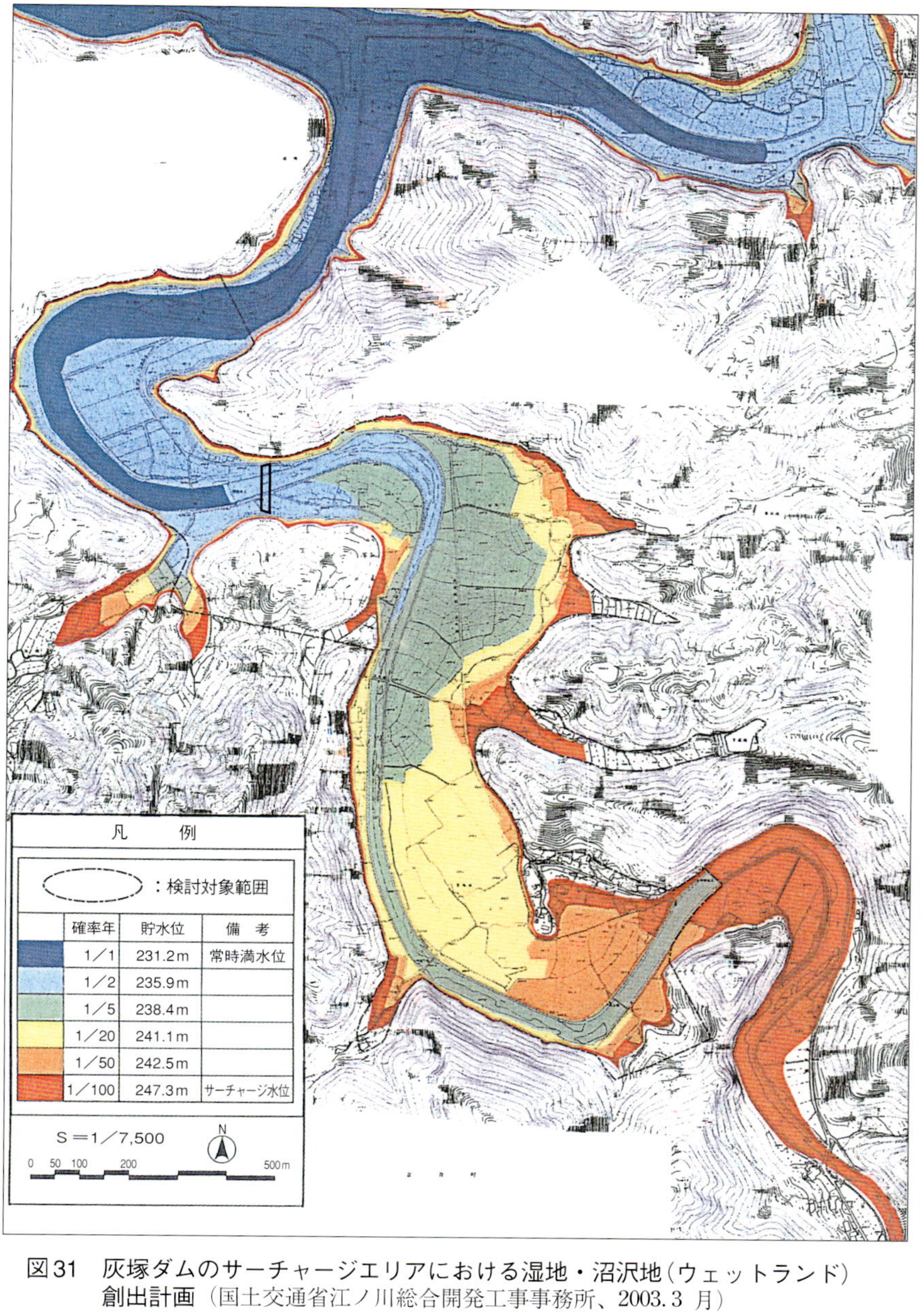

図31　灰塚ダムのサーチャージエリアにおける湿地・沼沢地（ウェットランド）創出計画（国土交通省江ノ川総合開発工事事務所、2003. 3 月）

島県の灰塚ダム知和知区の湿地・沼沢地（ウェットランド）創出事業があります。ダムの本体は図31の上の方にありますが、湿地が計画されているのは、冠水頻度によって空色から赤までに着色されているこのサーチャージエリアです。以前は水田だった六〇数ヘクタールの場所を利用して、その下流側の狭窄部に湖内堤（副堰堤）をつくり、ここに上下川という川が流入していますが、その水を貯めて広い開水面や沼や湿地を造成し、谷戸（谷津とも言う）の環境なども取り入れて、ここに湿地ビオトープ、あるいはビオトープシステムレベルのダム湖にふさわしい生息環境を創出することが検討され、今年の三月基本方針が決まりました。これが完成したら、ガンやハクチョウなどの生息地のネットワークづくりにも役立ち、地球規模のネットワークにも寄与するすばらしい水鳥の

写真75　北海道標津川の旧川復元計画（河口から8.5km付近、右岸）
（北海道開発局の資料による）

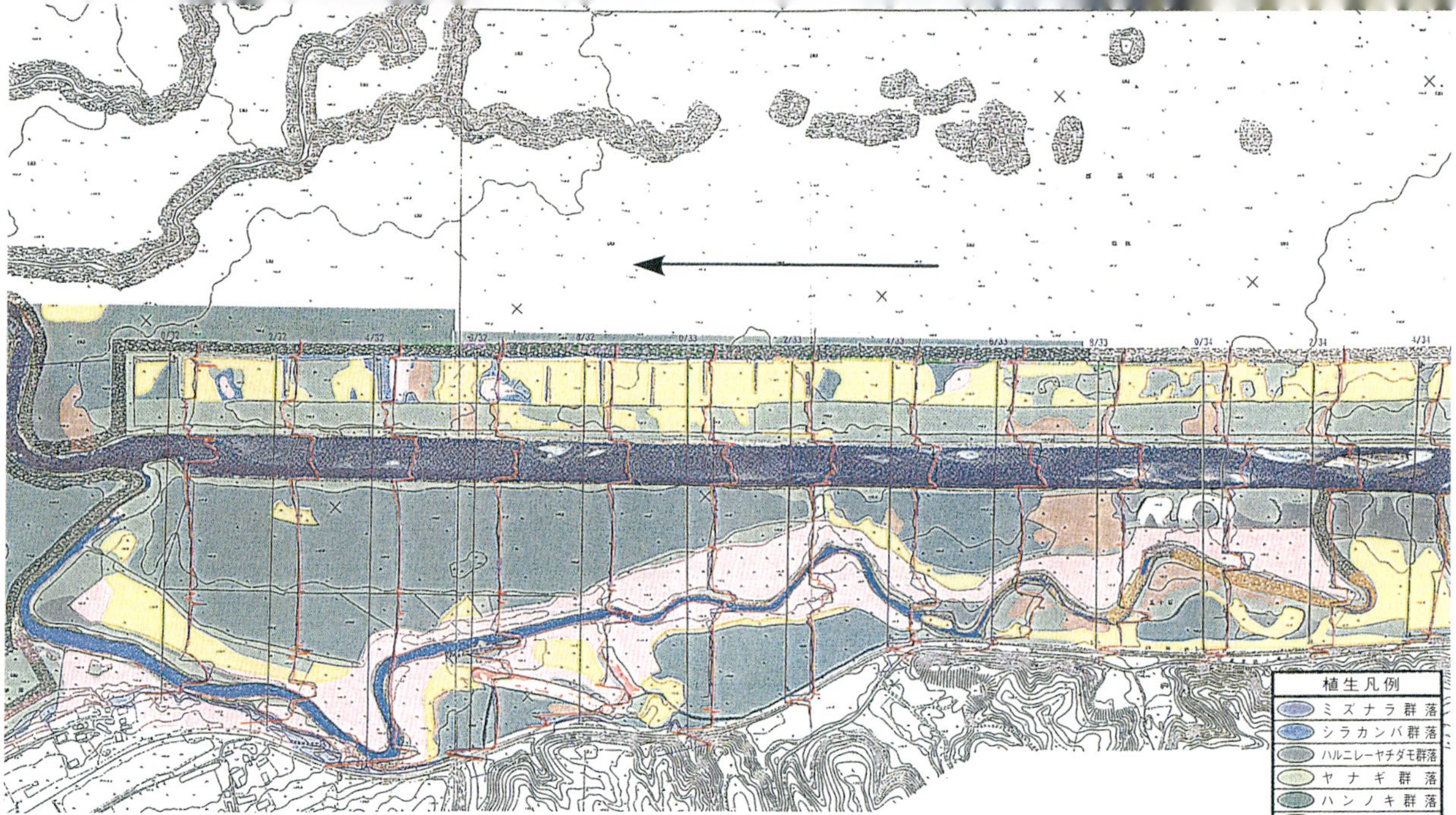

図32　釧路川の旧川復元計画（試験区間：32.0～33.2km、左岸）
（北海道開発局の資料による）

生息地になると思います。

次に、その川にかつてあったビオトープシステムを再生する事業の例として、釧路川の蛇行復元計画があります（図32）。釧路湿原の釧路川の上流に、かつての蛇行していた流路を真っ直ぐにしたところがあります。図にあるように、昔はこの蛇行した旧川を流れていたのですが、現在は捷水路を流れて旧川には水が溜まっているだけです。そういう蛇行河川を回復させようという事業が北海道開発局で二〇〇二年から検討されています。

同じようなことが北海道の標津川でも検討されています（写真75）。標津川はサケがたくさん遡上する川です。今は単調な直線的な川になっていますが、ここも昔は蛇行した川で、所々の三日月湖になっているところが、その名残です。そこで、この蛇行部にまた流れを戻そうということで検討委員会がつくられ、大体方向が出たようです。

九-五　ビオトープネットワーク

環境省は、河川事業による自然再生の場合にも、学校ビオトープとか公園ビオトープなど、地域にある自然とのネットワークを考えることが必要であるという提案をしています（図33）。

そういう意味で、以前は池沼や湿地がなかったところに湿地と開水面のビオトープネットワークをつ

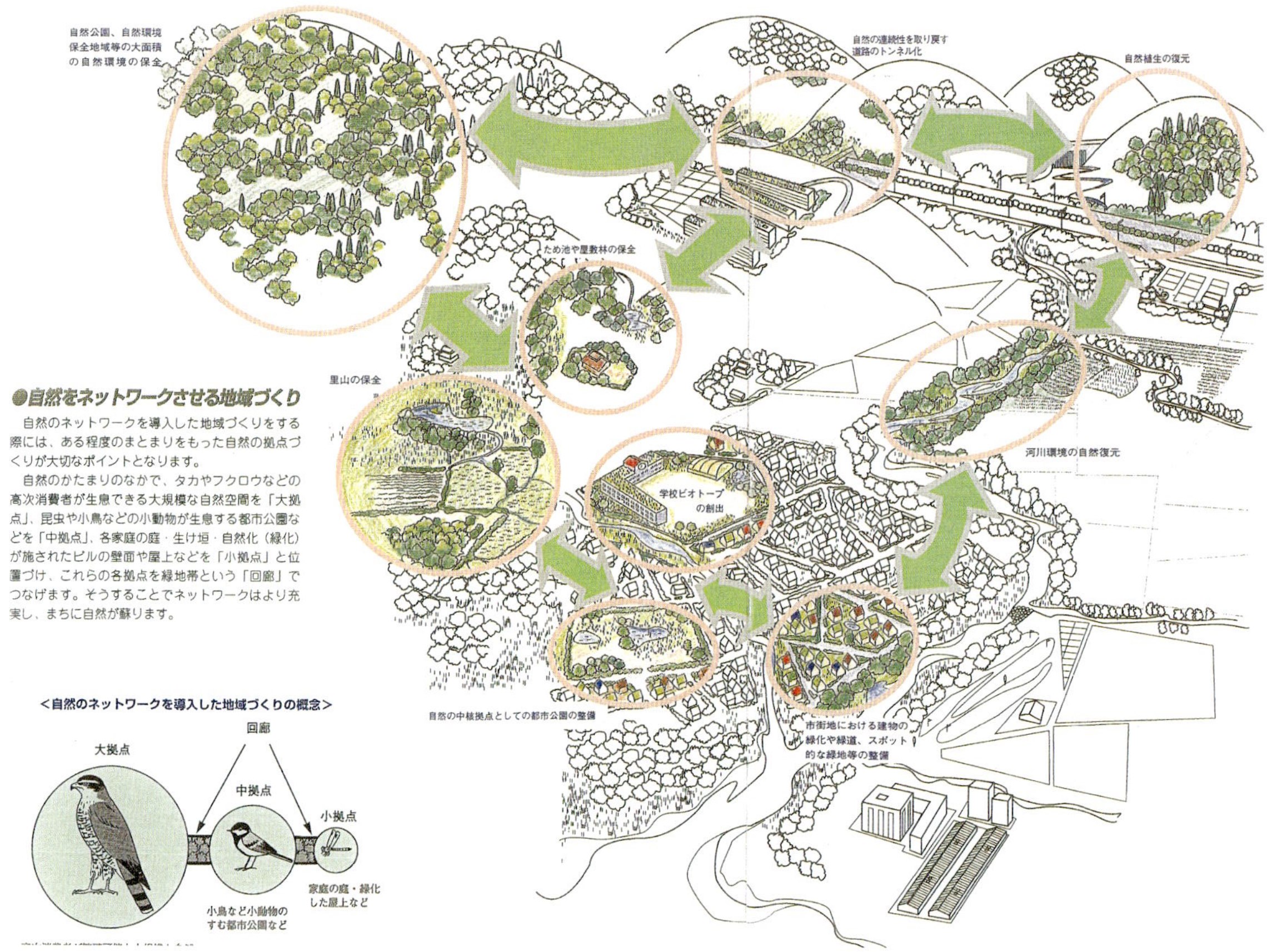
自然公園、自然環境保全地域等の大面積の自然環境の保全
自然の連続性を取り戻す道路のトンネル化
自然植生の復元
ため池や屋敷林の保全
里山の保全
河川環境の自然復元
学校ビオトープの創出
自然の中核拠点としての都市公園の整備
市街地における建物の緑化や緑道、スポット的な緑地等の整備
●自然をネットワークさせる地域づくり
自然のネットワークを導入した地域づくりをする際には、ある程度のまとまりをもった自然の拠点づくりが大切なポイントとなります。

自然のかたまりのなかで、タカやフクロウなどの高次消費者が生息できる大規模な自然空間を「大拠点」、昆虫や小鳥などの小動物が生息する都市公園などを「中拠点」、各家庭の庭・生け垣・自然化（緑化）が施されたビルの壁面や屋上などを「小拠点」と位置づけ、これらの各拠点を緑地帯という「回廊」でつなげます。そうすることでネットワークはより充実し、まちに自然が蘇ります。
<自然のネットワークを導入した地域づくりの概念>
回廊
大拠点
中拠点
小拠点
小鳥など小動物のすむ都市公園など
家庭の庭・緑化した屋上など

図33　地域の自然をつなぐ（環境庁、1998.3月）

くった例が、ドイツバイエルン州のアルトミュールという地域にあります。図34は、アルトミュール湖の全体の様子がわかる概念図です。

ここには昔氷河がつくった浅い谷があり、その谷の中の起伏をそのままできるだけ活かすようにして、運河に水を供給するダム湖の中に盛土の湖内堤をつくって、この中の水位を一定にするという方法で沼沢地のビオトープをつくりました。その初期の景観が写真76です。

そして、一五年ぐらい経って訪れてみると、見事な湿地や開水面ができていました(写真77)。この地域は、バイエルン州のフランケン山地という、あまり高い山地ではないが、それまではほとんど湿地や開水面がなかった地域です。そこに第二次世界大戦の終わり頃から建設されたマイン・ドナウ運河に水を供給するために、アルトミュー

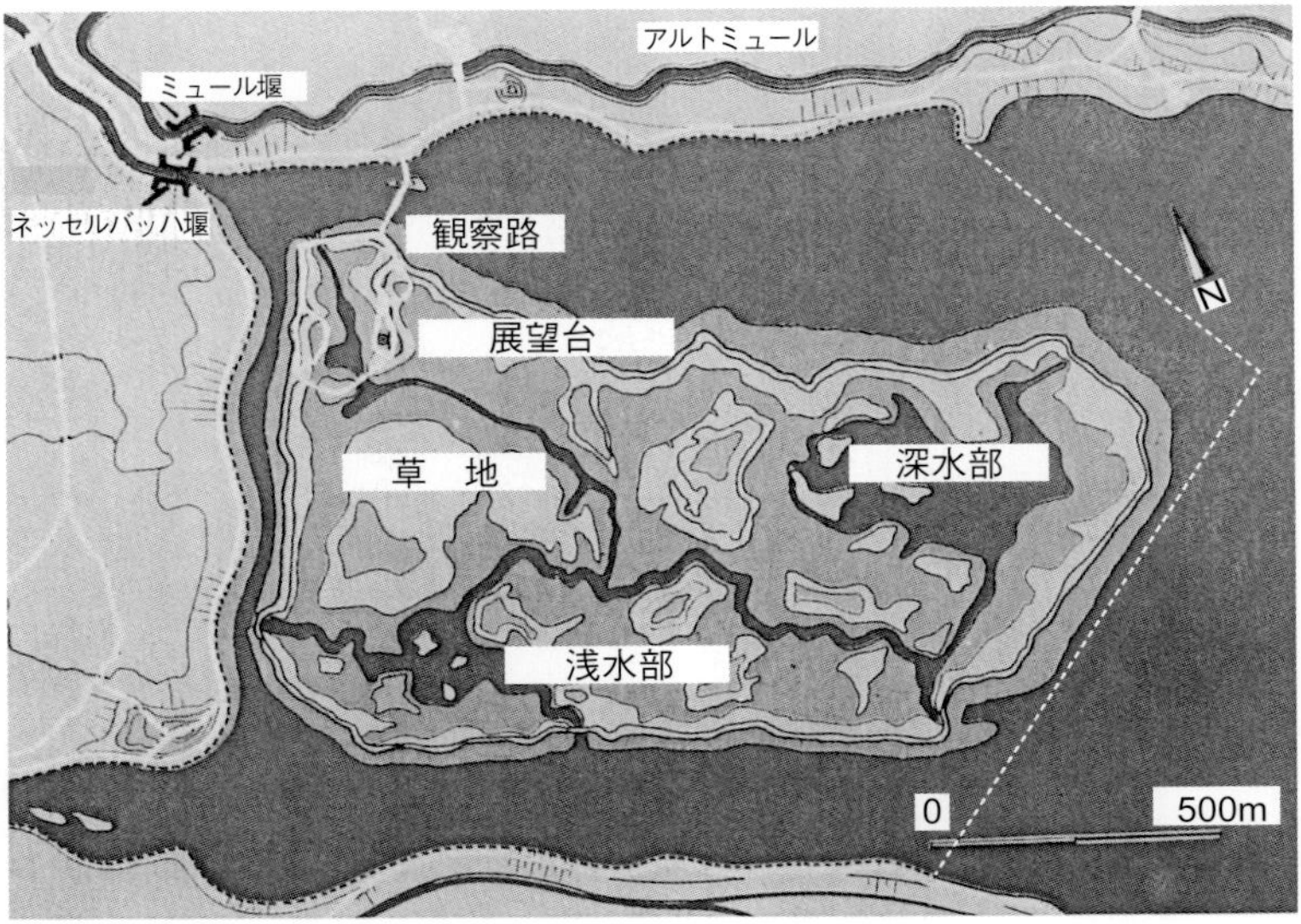

図34　アルトミュール・ダム湖ビオトープの原地形がわかる概念図
点線より左の区域が自然保護区になっている。

写真76　アルトミュールダム湖ビオトープ：造成直後の景観
（ドイツ・バイエルン州水管理局の資料による）

写真77　アルトミュールダム湖ビオトープ：15年後（1996.6月）

ル湖、ブロンバッハ湖、その他合計五つばかりのダム湖がつくられました。その全てをビオトープにして、それらのネットワークで昔の乾燥していたフランケン山地に湿地や湖のビオトープネットワークをつくろうという目的もあって行った事業だそうです。

ヨーロッパのコウノトリは、ライン川沿いとか、ずっと南のボーデン湖にすんでいます。日本のコウノトリに比べて少し小型でクチバシの赤いシュバシコウですが、それがこのようなビオトープネットワークができるとたちまち飛んできて、私どもが行ったときには、付近の農家の屋根に巣をつくってすみ着いておりました（写真78）。十年もしないですみ着いたそうです。

写真78　農家の煙突に巣をつくっている
コウノトリ

その周辺の地図が図35で、地図の下方がミュンヘンです。その上の方をマイン川とドナウ川が流れています。真中の飾りのついた太い線がマイン・ドナウ運河で、アルトミュール湖はその西にあります。さらにブロンバッハ湖ほかの三湖が続いてあり、さらに離れてロート湖というのがあります。全部で五つです。どれにもビオトープがつくられ、自然保護区になっています。それで、こういうすみ場のネッ

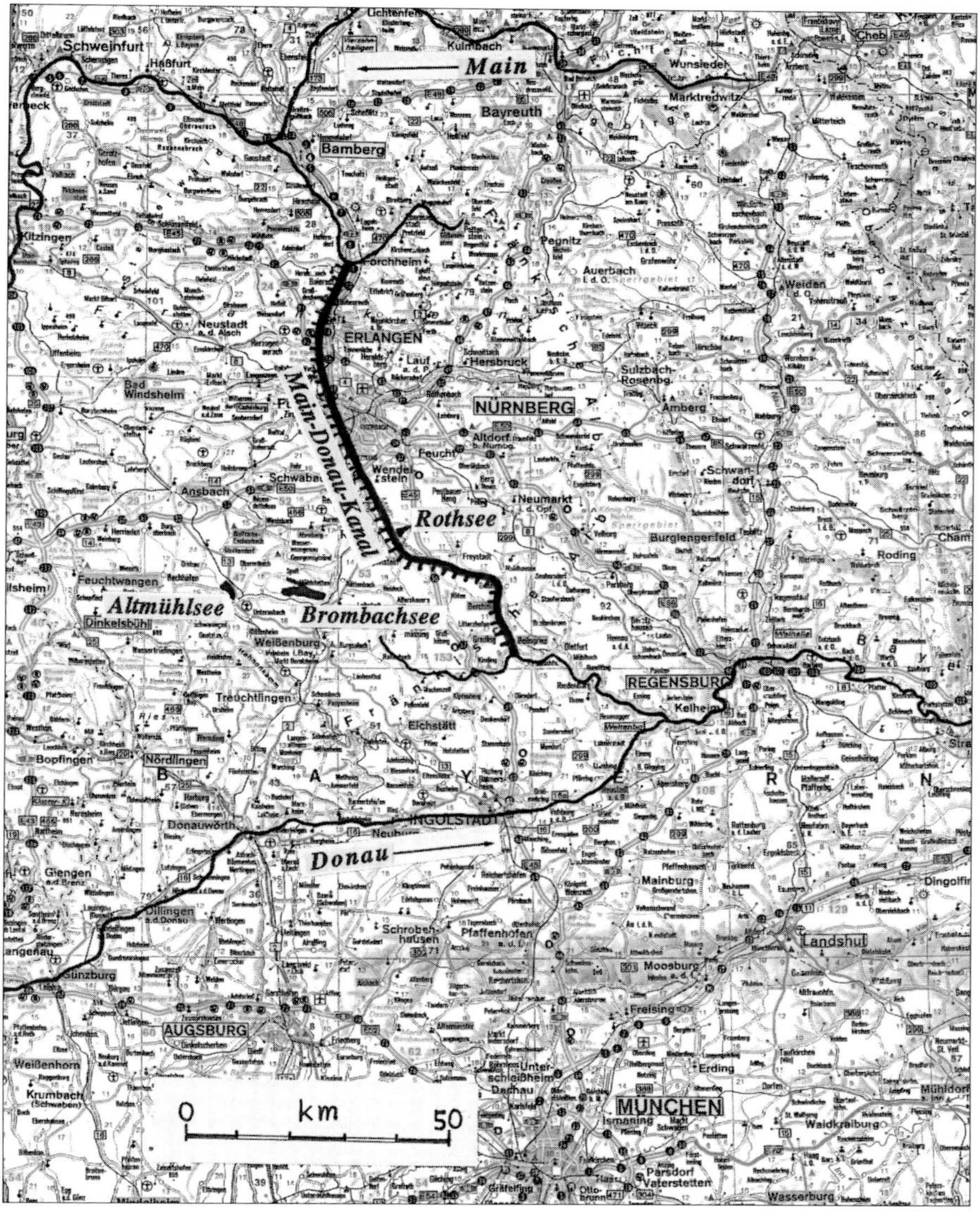

図35　アルトミュール湖と関連水域（ドイツ・バイエルン州）

トワークができたために、こういう環境にすむトップレベルの鳥であるコウノトリも飛んできてすみ着いたというわけです。アルトミュールだけで野鳥は一三〇種類、そのうち七〇何種類が繁殖していると聞きました。

また、ローカルなビオトープネットワークづくりには河畔林が重要な役割を果たします。**写真79**の上はドイツ、下は日本の河畔林で、ビオトープをつなぐコリドーとなっています。

次に、グローバルなネットワークについて述べてみます。

宮城県の伊豆沼・内沼(**写真80**)では、冬になるとガン・カモ類、オオハクチョウなど多くの渡り鳥が飛来します(**写真81**)。ここでは、沼の自然の環境をそのまま維持するだけではなく、湖岸の休耕田にマ

写真79　河畔林がつくるビオトープの回廊
(上：ドイツ・バイエルン州、下：神奈川県)

写真80　宮城県の伊豆沼(右)と内沼(左)

写真81　伊豆沼湖畔の休耕田に植えられたマコモの地下茎を食べるオオハクチョウ

コモを植えています。オオハクチョウ、コハクチョウは稲の落穂なども食べますが、マコモの地下茎が大好きで、それを植えて彼らが自由に自然の餌をとれるようにしています。休耕田にマコモを植えるということは限られた場所の仕事ですが、大局的にみれば、渡り鳥のグローバルネットワークづくりの一環になっているというわけです。

写真82は木曽三川（木曽川・長良川・揖斐川）河口に造成された干潟です。昔はこの辺には大干潟があったのでしょうが、洪水対策のために江戸時代から三川分離の工事が行われました。これは仕方のないことでしたが、その失われた干潟の一部を再生する試みです。

それから、東京湾でも荒川の河口の葛西臨海公園に人工の干潟がつくられました（**写真83**）。ここには二つの干潟があり、千葉県側は人が入れない保護

写真82　木曽三川の河口につくられた人工干潟（国土交通省木曽川下流河川事務所による）

区になっています。この場所も年数が経って、小さなカニがかなりすみ着いていますし（写真84）、千葉側の自然保護区の方にはたくさんの野鳥がくるようです。

このようなグローバルなネットワークを考える場合に、日本では近年干潟が非常に減っているので、つくることも大事ですが、その前に、まずは残っている干潟を大切に保存する方が大事ではないかと思います。すなわち、これまで残ってきた干潟を潰さないようにすることです。

沖縄にある泡瀬（写真85）と四国の吉野川河口の第十堰の下にある干潟（写真86）です。太古からこのこのよ

写真83　東京湾河西臨海公園の人工干潟

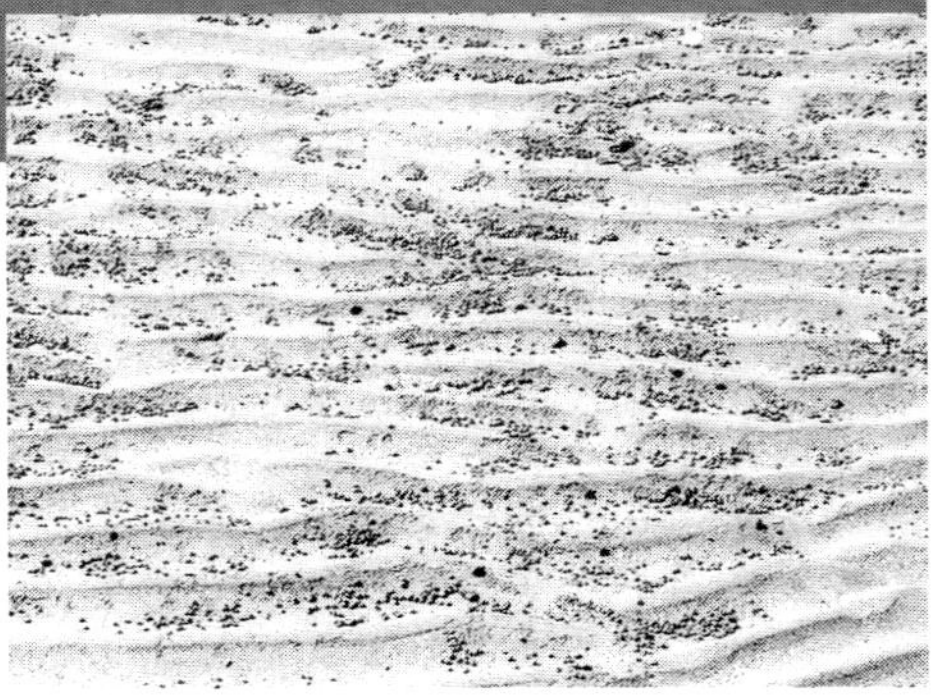

写真84　干潮時の干潟にはコメツキガニの砂団子がたくさん見られる

写真85　沖縄市の泡瀬の干潟

写真86　吉野川河口（徳島県）の干潟

うな干潟を利用してきた渡り鳥は、干潟がたくさんあった日本列島を記憶しているでしょうから、干潟がだんだん少なくなってくると、やがて飛んでこなくなってしまうのではないかと心配されています。

そこで、できるだけ残っている干潟は保存し、復元できるところでは復元していくということが、グローバルネットワークづくりで大事なことになります。この場合には、やはり目の前の利便だけではなく、地球的な規模で干潟の役割を考えるという観点が必要になります。

そのためには国際的なラムサール条約（図36）など

ラムサール条約

『特に水鳥の生息地として国際的に重要な湿地に関する条約』

1971　イランのラムサール会議で採択。
　　　加盟国は少なくとも１カ所の湿地を登録し、保全に努める。
1980　日本が加盟。
2000　現在世界の加盟国数は 122 カ国。
　　　登録されている湿地は 1,029 カ所。

湿地の定義：

　第１条の 1. この条約の適用上、湿地とは、天然のものであるか人工のものであるか、永続的なものであるか一時的なものであるかを問わず、さらに水が滞まっているか流れているか、淡水であるか汽水であるか鹹水であるかを問わず、沼沢地、湿原、泥炭地または水域をいい、低潮時における水深が 6m を越えない海域を含む。

日本の登録湿地

	登録湿地名	所在地	登録年月	面積（ha）
①	釧路湿原	北海道	1980. 06	7,863
②	伊豆沼・内沼	宮城県	1985. 09	559
③	クッチャロ湖	北海道	1989. 07	1,607
④	ウトナイ湖	北海道	1991. 12	510
⑤	霧多布湿原	北海道	1993. 06	2,504
⑥	厚岸湖・別寒辺湿原	北海道	1993. 06	4,896
⑦	谷津干潟	千葉県	1993. 06	40
⑧	片野鴨池	石川県	1993. 06	10
⑨	琵琶湖	滋賀県	1993. 06	65,602
⑩	佐潟	新潟県	1996. 03	76
⑪	漫湖	沖縄県	1996. 05	58

図36　ラムサール条約（抜粋）

図37　ヨーロッパで行われている渡り鳥の生息地の保護計画
（オランダのポスター、(財)日本生態系協会の好意による）

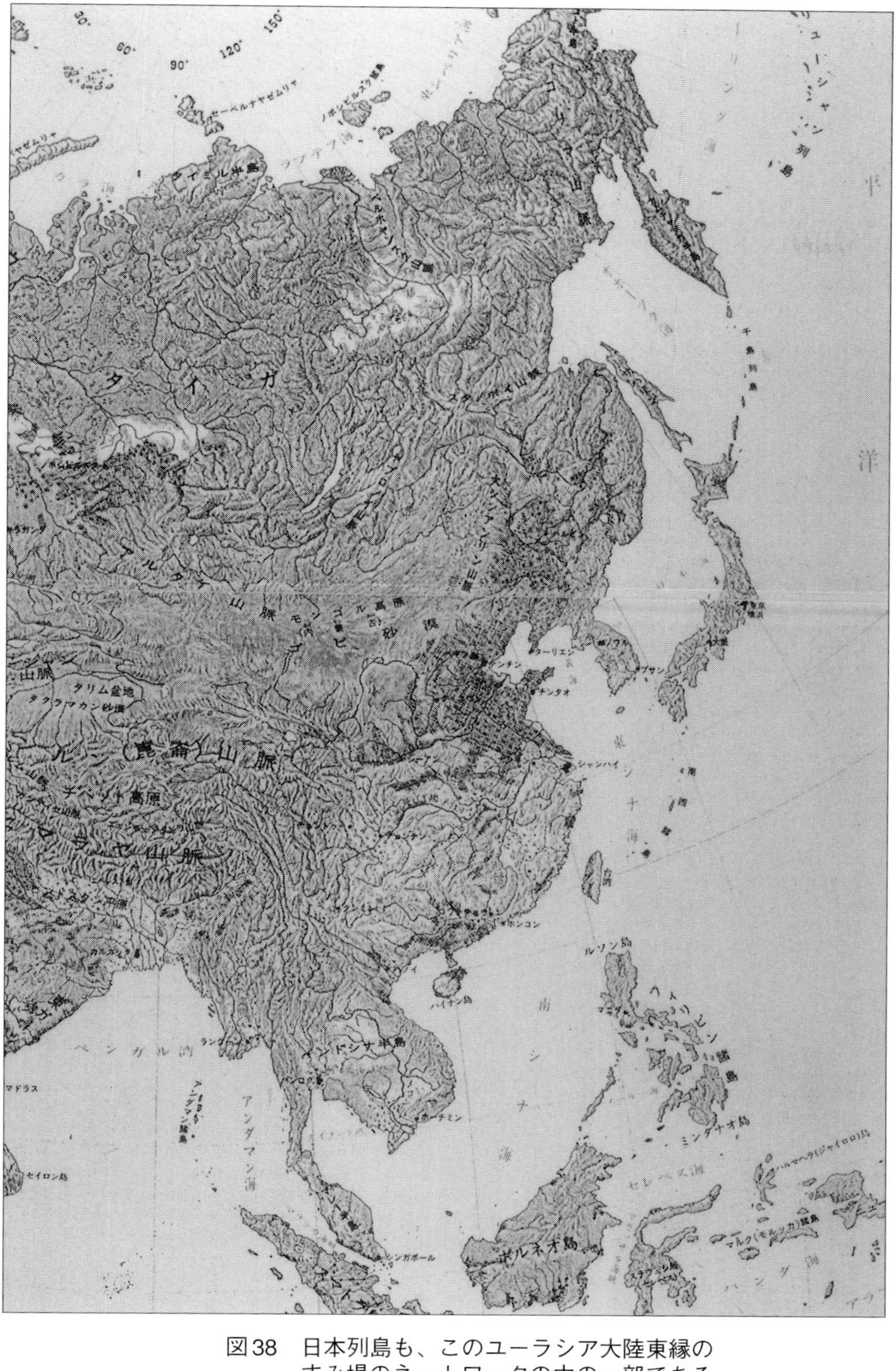

図38　日本列島も、このユーラシア大陸東縁のすみ場のネットワークの中の一部である

もありますが、単にラムサール条約に登録された場所を大事にするというだけではなくて、絶えずグローバルな視点がベースになければいけないでしょう。

例えば、ヨーロッパにはアフリカとヨーロッパを行き来する渡り鳥がたくさんいますが（図37）、この野鳥たちの夏のすみ場を保存する、あるいはつくり出すという仕事を道路や川の事業の中で実際にしています。なかでも、オランダあたりでは国土計画の中にそれを組み込んでいますし、またドイツのシュレスビヒホルシュタイン州では、州の中の重要な自然環境の分布と、それを結ぶネットワークづくりを考慮に入れた土地管理のシステムが、法律に基づいてつくられています。

そこでわが国でも、野生生物、特に渡り鳥の生息環境を考慮に入れて河川、湖沼など水環境の管理を行う場合には、事業の対象となる場所は限られていても、極東地域の少なくとも地図（図38）の右半分くらいは、視野に入れておく必要があるのではないかと思います。

結局、いろいろお話ししてきましたが、行き着くところは最初に取り上げた多自然型川づくりの定義に戻るわけです。要するに、その場所に本来あった良好な生息環境というのが、どういうものであるかということをよく考えて、それを保存する、あるいはそれを再生するということを河川管理、湖沼管理の中で行っていくことが、まさにそういう場所で考える生きもののすみ場に対する配慮ということになるのではないでしょうか。

引用・参考文献と資料

【二章】　図1　建設省河川局（一九九〇年一一月）＝「多自然型川づくり」実施要領．

【三章】　図3　工業技術院地質調査所（一九八二）＝日本地質図．

【五章】　図9　Jones, J. B. and Mulholland, P. J. (ed.) (2000)：Streams and Ground Waters. Academic Press による．

図11　水野信彦（一九八五）＝中流域（アユ漁場）での河川改修の改善策（続）―淵の回復効果と改善策の実施例．淡水魚、一一号．

図14　建設省国土地理院（一九七七）＝日本国勢地図．日本地図センター．

【七章】　図20　国土交通省北陸地方整備局（二〇〇二年一月）＝北陸地方ダム等フォローアップ委員会資料．

図22　国土交通省北勢国道工事事務所（二〇〇二年三月）＝平成一二年度・一号伊勢大橋環境調査報告書．

図24　渡良瀬遊水地の自然保全と自然を生かした利用に関する懇談会（国土交通省利根川上流河川事務所主管）（二〇〇〇年三月）＝渡良瀬遊水地の自然保全と自然を生かしたグランドデザイン．

【八章】　図27　桜井善雄（一九九四）＝続・水辺の環境学―再生への道をさぐる．新日本出版社．

【九章】　桜井善雄・富所五郎（一九九四年六月）＝水制工がもつ河川水理及び生物環境の創出効果に関する研究．（財）河川環境管理財団河川整備基金助成事業報告書．

写真30　（財）リバーフロント整備センター（一九九六）＝「FRONT」, No.10.

写真37　駒田格知ほか（一九九六）＝淡水魚類研究会報、二号．
写真50　建設省荒川上流工事事務所、［監修（財）日本生態系協会］（二〇〇〇年三月）＝荒川・水と緑のネットワーク―河川環境の保全と新たな自然創出へのとりくみ．
写真56　茨城新聞社（一九九八年四月）＝空から見た北浦・霞ヶ浦の釣り．
図29　館林財務事務所地域振興室（一九九七年三月）＝邑楽・館林地域ウェットランドの保全と活用―見直そう身近な自然環境．
写真71　建設省北上川ダム統合管理事務所（一九九九年一一月）＝御所ダム湿地の自然．
図31　国土交通省江の川総合開発工事事務所（二〇〇三年三月）＝知和地区環境総合整備検討委員会資料．
図33　環境庁（一九九八年三月）＝生きものと共生する地域づくり―自然共生型地域づくり事業．

---- 著者経歴 ----

桜井　善雄（さくらい　よしお）・農学博士

昭和3年　長野県生まれ

23年　上田繊維専門学校（現；信州大学繊維学部）卒業

同年～平成6年　同校で46年間研究と教育にたずさわる
応用生態学講座を担当

平成6年　信州大学を定年退官（名誉教授）
応用生態学研究所（私設）を開設・主宰
以降、国内外において、特に湖や川の水辺の自然環境保全の理論と方法について調査・研究を行い、国や地方自治体の委員会や懇談会および市民との交流を通して、その成果を実際に生かす活動に取り組んでいる。国土交通省・環境省等をはじめ各県の審議会・委員会等の委員を歴任。

主な著書：
『水辺ビオトープ―その基礎と事例（1993）』監修・『都市の中に生きた水辺を（1996）』監修・『ビオトープ―復元と創造（1993）』共著・『エバーグレースよ永遠に―広域水環境回復をめざす南フロリダの挑戦（1999）』以上、信山社。
『水辺の環境学―生きものと共存（1991）』・『続・水辺の環境学―再生への道をさぐる（1994）』・『生きものの水辺―水辺の環境学3（1998）』・『水辺の環境学4.―新しい段階へ（2002）』以上、新日本出版社。
『自然環境復元の技術（1992）』共著、朝倉書店・『信州・ふるさとの自然再発見（2001）』共著、ふるさとの自然21推進委員会・『千曲川中流域・植物観察の手引き（2002）』編著、国土交通省千曲川工事事務所。

川づくりとすみ場の保全

2003年（平成15年）6月18日　初版発行

著　者　桜井善雄
発行者　今井　貴・四戸孝治
発行所　㈱信山社サイテック／信山社出版
〒113-0033　東京都文京区本郷6－2－10
TEL 03(3818)1084　FAX 03(3818)8530
http: //www.sci-tech.co.jp
発　売　㈱大学図書（東京神田駿河台）
印刷／製本　㈱エーヴィスシステムズ

ISBN4-7972-2577-7 C3040